Beck-Wirtschaftsberater

Professionell texten

dtv

Beck-Wirtschaftsberater

Professionell texten

Tipps und Techniken für den Berufsalltag

von Prof. Dr. Andreas Baumert

Deutscher Taschenbuch Verlag

Im Internet:

dtv.de

beck.de

Originalausgabe
Deutscher Taschenbuch Verlag GmbH & Co. KG,
Friedrichstraße 1 a, 80801 München
© 2003. Redaktionelle Verantwortung: Verlag C. H. Beck oHG
Druck und Bindung: Druckerei C. H. Beck, Nördlingen
(Adresse der Druckerei: Wilhelmstraße 9, 80801 München)
Satz: Fotosatz Otto Gutfreund GmbH, Darmstadt
Umschlaggestaltung: Agentur 42 (Fuhr & Partner), Mainz
ISBN 3 423 50868 X (dtv)
ISBN 3 406 50673 9 (C. H. Beck)

Vorwort

Viele kleine und mittlere Unternehmen können es sich nicht leisten, nur Expertinnen und Experten schreiben zu lassen. Was früher an Kunden ging, wurde häufig diktiert und anschließend von der Sekretärin geglättet. Heute schreiben oft auch Betriebsangehörige, die dafür nicht ausgebildet sind. Sie verfassen Briefe, Telefaxe, E-Mails, Internettexte, manchmal auch werbliches Material und viele andere Schriftstücke, die ein Unternehmen nach außen vertreten. Wer in seinem eigentlichen Arbeitsgebiet kompetent und qualifiziert ist, muss sich beim Schreiben mit Schulwissen begnügen, das professionellen Anforderungen nicht gerecht wird.

Solchen Lesern soll dieses Buch helfen. Es wendet sich nicht in erster Linie an Profis, wie Sekretärinnen, Marketing- und Werbetexter. Eigene Ausbildungswege und das reiche Angebot an berufsqualifizierender Literatur kann und soll dieser Ratgeber nicht ersetzen. Er beschäftigt sich auch nicht mit den Normen, die im Sekretariat angewandt werden können, und ist vor allem keine Sammlung an Mustertexten, von denen der Buchmarkt genügend Titel anbietet.

Wer heute im Wirtschaftsleben schreibt, hat meist konkrete Fragen: Wie muss ich für das Internet texten? Kann man Texte aus der Papierwelt einfach ins Netz stellen, hat das Konsequenzen? Was können wir unternehmen, um unsere Corporate Identity auch im Geschriebenen auszudrücken? Woran muss ich denken, wenn ein Text für internationale Märkte aufbereitet werden muss?

Solche Fragen soll dieser Band beantworten. Er führt in sechs Kapiteln in das professionelle Texten ein, zeigt Hintergründe und Zusammenhänge. Den Abschluss jedes Kapitels bildet ein **Praxisteil**, der ergänzende Hilfen anbietet. Der eilige Leser schaut ihn vielleicht zuerst an.

Kapitel 1: Professionelles Schreiben heißt in erster Linie leserorientiertes Schreiben. Wie in einer gelungenen Werbekampagne sind diejenigen besonders erfolgreich, die sich am Kunden – dem Leser – orientieren. Dem, der weiß, wie Menschen lesen und verstehen, ergeben sich viele Regeln für verständliches Texten fast von selbst. Scheußlich konstruierte Sätze sind vielleicht hässlich, weil sie gegen den guten Stil verstoßen. Den Profi interessiert aber in erster Linie, dass sie unbrauchbar sind, weil man sie nicht oder nur schwer versteht. Das ist im Berufsleben das entscheidende Kriterium. Nicht anders als im Industriedesign: Designer nutzen Kenntnisse der Ergonomie und des menschlichen Körperbaus, um brauchbare Maschinen, Werkzeuge, Möbel und Werkhallen zu konstruieren.

Kapitel 2: Welche Texte sind verständlich? Einen Königsweg sucht man vergebens. Hilfreich sind aber einige Methoden, besonders das Hamburger Verständlichkeitsmodell. Wer sie kennt und einsetzen kann, ist dem Ziel schon ein bisschen näher.

Kapitel 3: Wie entstehen brauchbare Sätze, welche Wörter sind nur mit Vorsicht zu genießen? Eine kleine Sammlung an Empfehlungen hilft in der Ausbildung. Wer sie benutzt, schreibt besser. Werbetexter zeigen, dass man auch kunstvoll gegen Vorschriften verstoßen kann. Ihre geplanten Regelverstöße sind wohl überlegt. Wer sich aber nicht an Regeln hält, weil er sie nicht kennt, liefert selten eine gute Arbeit ab.

Kapitel 4: Die Innenansicht der Textproduktion: Recherchieren, ordnen, formulieren, die Qualität kontrollieren. Da hilft kein Bluff, der vortäuscht, dass alles ganz einfach wäre, wenn man nur einem klaren Ablaufplan folgte. Nein, mancher muss oft für neue Projekte unbekannte Wege finden. Nichts sieht immer gleich aus, doch einige Meilensteine sind zu erkennen. Man kann sich an ihnen orientieren und einen Text schaffen. Sogar für einen der schlimmsten denkbaren Unfälle beim Schreiben gibt es Hilfen: die Blockade, wenn nichts einfällt, wenn gar nichts geht.

Kapitel 5: Vom Schreiben für das Internet über die Overheadfolie bis zur Gestaltung umfangreicher Texte hilft eine Zusammenfassung bewährter Konzepte, von denen man gehört haben sollte. Kann man aus einer Quelle Dokumente für verschiedene Medien erzeugen, funktioniert das Single Source Publishing? Selbst Bewährtes kann verbessert werden, Briefe müssen nicht immer normgerecht sein, dafür sollten ihre Nachfolger oder Begleiter, die E-Mails, nicht gegen jedes bewährte Prinzip verstoßen. Ein besonderer Fall sind Broschüren und Hefte, die für internationale Märkte übersetzt, kulturell und juristisch angepasst werden müssen. Zu guter Letzt das Trommeln mit dem Text, in der Werbung und für eigene Zwecke: Profitexter müssen ihre Arbeit auf dem Markt anbieten.

Kapitel 6: Mit dem Schreiben Geld verdienen, Texte wie ein normales Projekt in der Industrie behandeln, das unterscheidet den Profi vom Amateur, der das Rad ständig neu erfindet und nicht weiß, was seine Arbeit kostet. Vom Schreiben eines Angebots über die Arbeit in Teams oder Redaktionen bis zur Gestaltungsrichtlinie gibt dieses Kapitel Hilfen für den Alltag.

Darauf folgt ein ausführliches **Glossar**. Es enthält vor allem Begriffe der Grammatik, ohne die es nicht geht.

Das **Literaturverzeichnis** ist weder wissenschaftlich noch vollständig, dafür nützlich.

Markierungen und Fußnoten

»Längere Beispieltexte sind an diesen Symbolen zu erkennen. Sonst sind Beispiele *kursiv* markiert.«

Fußnoten sind für das Verstehen nicht wichtig. Sie enthalten nur zusätzliche Informationen oder Quellenangaben für Leser, die an weiteren Informationen interessiert sind.

Verständnis

Dieses Buch verwendet die nach der Grammatik männliche Form in einem neutralen Sinne. Es spricht immer Frauen und Männer an, auch wenn die Eigenheiten unserer Sprache dazu wenig Möglichkeiten bieten. Auf »-Innen« oder »/-innen« verzichte ich, um den Text leichter lesbar zu halten. Die Leserinnen bitte ich um Verständnis für diese Vereinfachung im Text.

Dank

Die Teilnehmer vieler Lehrgänge und Arbeitsgruppen haben mir geholfen, Gedanken zu präzisieren. Manches erscheint mir heute selbstverständlich, das ich erst von Seminarteilnehmern, Studierenden und Diplomanden lernen musste. Von meinen Kollegen und Freunden danke ich besonders Prof. Dr. Wolfgang W. Sauer, Universität Hannover, für seine konstruktive Kritik an diesem Buch. Jahre der Zusammenarbeit und der freundschaftlichen wie kollegialen Gespräche mit ihm haben meine Herangehensweise an sprachliche Themen entscheidend mitgeprägt.

Meine Fragen haben Dipl.-Math. Margit Becher, Peter Hadwiger, Dipl.-Ing. Alexander von Obert und Dipl.-Ing. Wolfram Pichler bereitwillig und sehr hilfreich beantwortet. Zur Verständlichkeit des Buches haben auch die künftigen Diplom-Redakteurinnen Katrin Horch, Steffi Koball und Katharina Lieberknecht beigetragen.

Nicht zuletzt danke ich Sophie Charlotte, Moritz und Freda, weil es ein schönes und spannendes Leben nach jedem Buch gibt.

Hannover, im März 2003   *Andreas Baumert*

Inhaltsverzeichnis

Vorwort V

1. Wer zahlt, bestimmt die Musik 1
1.1 Zerealien im Müsliriegel 3
1.2 Lesen und verstehen 5
1.3 Wer liest? 10
1.4 Praxisteil 21

2. Wie man sich gut versteht 29
2.1 Ausgezählt 29
2.2 Das Hamburger Modell 33
2.3 Praxisteil 38

3. Wörter und Sätze am Rande der Verständlichkeit . . . 43
3.1 Abstrakt oder konkret? 43
3.2 Komposita 44
3.3 Abwechslung kann Ärger bringen 44
3.4 Erfolg ja, erfolgen nein 45
3.5 Fremdwörter 46
3.6 Abkürzungen 49
3.7 Zerrissene Verben 50
3.8 Zeigen mit Wörtern 51
3.9 Satzstrukturen 55
3.10 Praxisteil 61

4. Wie ein Text entsteht 67
4.1 Ein buntes Potpourri 67
4.2 Zeitreise gefällig? 69
4.3 Voraussetzungen und Ziele 71
4.4 Recherchieren 75
4.5 Gliedern und strukturieren 82
4.6 Wortwirkungen 89
4.7 Hilfe, ich sitze fest 95
4.8 Qualität kontrollieren 100
4.9 Praxisteil 102

5.   **Für jeden Topf einen Deckel** 113
5.1   Geschäftskorrespondenz zwischen Norm und
      Originalität 113
5.2   Umfangreiche Texte 117
5.3   Internetseiten und Multimediadokumente 124
5.4   Dokumente für internationale Märkte 135
5.5   Mit Texten trommeln 144
5.6   Praxisteil 153

6.   **Texte in wirtschaftlichem Umfeld produzieren** 161
6.1   Vom Angebot zur Freigabe 162
6.2   Schreiben im Team 171
6.3   Gestaltungsrichtlinien 178
6.4   Praxisteil 187

Glossar 195
Literatur 203
Stichwortverzeichnis 209

1. Wer zahlt, bestimmt die Musik

Kundenorientierung prägt Unternehmensstrategien, von der Produktqualität über das Marketing bis zur betrieblichen Vorgangsbearbeitung. Zumindest die Theorie behandelt als Qualität, was der Kunde darunter versteht. Sie sieht ihn als Orientierung für Marketingkonzepte und verlangt, dass alle Prozesse in der Firma sich an einem vorrangigen Ziel orientieren: dem zufriedenen Kunden. Weil es in den meisten Branchen teurer ist Neukunden zu werben als Stammkunden zu halten, investiert man einiges, um dieses Ziel zu erreichen.

Profis, die das Schreiben gelernt haben, richten sich danach. Sogar Tageszeitungen, die traditionsbewusst und wenig beweglich schienen, haben die Lesermeinung entdeckt, befragen ihre Abonnenten, verändern das Lay-out und gehen auch redaktionell auf Leserwünsche ein. Wettbewerb und die durch Internet und Nachrichtensender veränderte Öffentlichkeit zwingen sie dazu. Die Botschaft ist leicht zu verstehen: Wer bei seinen Kunden nicht ankommt und Leser verliert, verzeichnet Einbußen im Anzeigengeschäft. Für Boulevardblätter war diese Ausrichtung am Kunden nie ein Problem.

Auch in der Werbung, in Marketing und Public Relations arbeiten mittlerweile genügend gut ausgebildete Autoren. Ihre Produkte heben sich wohltuend von dem Sprachunfug ab, der den schlechten Ruf solcher Texte begründet. Profis wissen: Wer am Leser vorbeischreibt, hat langfristig verloren. Dass ihre Texte nicht jedem Deutschlehrer am Gymnasium gefallen, nehmen sie in Kauf.

> Professionell schreiben bedeutet: **kundenorientiert** schreiben.

Diese Haltung ist nicht nur eine Frage des Berufsethos. Wer dagegen verstößt, riskiert unter Umständen rechtliche Konsequenzen und wirtschaftliche Nachteile für seinen Auftraggeber. Denn in mindestens einem Bereich der schriftlichen Kommunikation mit dem Kunden existiert ein Regelwerk von **Gesetzen, Richtlinien** und **Normen,** die einen verständlichen und kundenorientierten Sprachgebrauch verlangen: die **produktbegleitende Information.** Dazu gehören in erster Linie die Anleitungen zu Installation, Gebrauch, Pflege und Entsorgung.

Gesetze dieser Art sind unter anderen das Gerätesicherheitsgesetz, das Medizinproduktegesetz, vor allem aber das **Produkthaftungsgesetz** (ProdHaftG). Es ist seit dem Januar 1990 in Kraft. Maßgeblich für die Produktinformation ist in diesem Gesetz § 3:

§ 3 Fehler
(1) Ein Produkt hat einen Fehler, wenn es nicht die Sicherheit bietet, die unter Berücksichtigung aller Umstände, insbesondere
a) seiner Darbietung
b) des Gebrauchs, mit dem billigerweise gerechnet werden kann,
c) des Zeitpunkts, in dem es in den Verkehr gebracht wurde,
   berechtigterweise erwartet werden kann.

Unter der *Darbietung* eines Produktes ist – unter Juristen unstrittig – auch die schriftliche Instruktion zu verstehen. In anderen Worten: Wer nach dem ProdHaftG die Verantwortung für ein Produkt trägt, dessen Anleitungen (Installationsanleitungen, Gebrauchsanleitungen, Aufschriften) vom legitimen Anwender nicht zu verstehen sind, haftet für Schäden.

Seitdem das Gesetz in Kraft getreten ist, sind ausreichend Fälle dokumentiert, in denen Verantwortliche zu Entschädigungen verurteilt wurden, weil sie die gesetzlich vorgeschriebene Instruktionspflicht verletzt hatten.

> Produktbegleitende Informationen, die für den Anwender nicht verständlich sind, können für Hersteller, Importeure oder Händler unübersehbare wirtschaftliche Schäden hervorrufen, wenn die Produkte nach dem ProdHaftG beurteilt werden.

Innerhalb der Europäischen Union wirkt sich besonders die **Maschinenrichtlinie** auf die Gestaltung solcher Dokumente aus. Sie verlangt, dass diese Unterlagen in den Sprachen des Landes vorliegen müssen,[1] in dem ein Produkt genutzt wird. Das verursacht zum Teil erhebliche Ausgaben für Klein- und Mittelbetriebe, die in die

---

1 Anhang l, Ziffer 1.7.4

Union exportieren. Diese und andere Richtlinien belegen, dass man nicht länger bereit ist, Alibitexte zu akzeptieren. Heute ist Standard, dass der Text für den Leser verständlich sein muss.

Normen haben selbst keine Gesetzeskraft, sie können aber juristisch von Bedeutung sein, wenn ein Urteil darüber zu fällen ist, ob allgemein anerkannte Regeln eingehalten wurden oder nicht. Folglich kann man – vereinfacht ausgedrückt – Herstellern nur empfehlen, die Mindestanforderungen der Normen zu erfüllen. In Sicherheitsfragen macht sich unter Umständen sogar strafbar, wer dagegen verstößt. Verständlichkeit der Produktinformationen fordert zum Beispiel ausdrücklich DIN EN 62079, „Erstellen von Anleitungen – Gliederung, Inhalt und Darstellung". Wer schriftlich einem Kunden den Gebrauch eines Produktes erklärt, ist gut beraten einen Blick in diese Norm zu werfen.[2]

Viele gute Gründe unterstützen jeden, der seine Texte am Kunden orientieren will. Nichts spricht dafür, Leser mit wenig bekannten Wörtern und komplizierten Satzstrukturen zu quälen. Warum gibt es dennoch so viele grässliche Texte?

1.1 Zerealien im Müsliriegel

Leicht verständliche Sprache betrachtet mancher als ein Zeichen mangelnder Bildung. Um sich nicht selber diesem Vorwurf auszusetzen, ruinieren viele schon in der Oberstufe unserer Gymnasien ihren Sprachstil: Verwirrende Satzkonstruktionen, unübliche oder schwer verständliche Wörter belegen die vermeintliche Kompetenz.

Das wird im Studium nicht besser. An Hochschulen fehlen Programme, die Studenten darin unterrichten, ihr Geschriebenes am Leser – dem Kunden – zu orientieren. Der Nachwuchs schlägt sich eher mit unverständlichen Texten herum, aus denen man in Abschlussarbeiten bereitwillig zitiert. So demonstrieren akademische Berufsanfänger, dass sie der Wissenselite angehören. Weil auch an-

---

2 Diese Norm gilt auch als VDE-Bestimmung (Verband der Elektrotechnik, Elektronik, Informationstechnik e. V.). Die Sprache dieser und anderer Normen ist allerdings selbst kein gutes Beispiel. Sie ist gelegentlich irreführend oder schwer verständlich.

dere Bildungsträger vieles aus der Welt der Universität als richtungsweisend empfinden, wird das vornehme Kauderwelsch zu einem heimlichen Standard in der Ausbildung.

Doch auch unter Wissenschaftlern gibt es genügend Alternativen. Sogar in der reinen Wissenschaftstheorie fordern einige das verständliche Deutsch anstelle des schwadronierenden Imponiergehabes. Ein Klassiker ist der Satz Otto Neuraths: „Jede streng wissenschaftliche Lehre muss man in ihren Grundzügen einem Droschkenkutscher in seiner Sprache verständlich machen können."[3] Neurath war Mitglied des Wiener Kreises, einer Gruppe aus Philosophen, Mathematikern, Physikern, Logikern und Sozialwissenschaftlern. Bei allen Streitfragen, die zwischen diesen Forschern zwangsweise ungeklärt bleiben mussten, war die Klarheit und Deutlichkeit der Sprache für alle eine zentrale Forderung.

Legendär ist auch der Streit zwischen dem Philosophen und Wissenschaftstheoretiker Karl Popper und Jürgen Habermas, einem deutschen Soziologen. Poppers Kritik: „Das grausame Spiel, Einfaches kompliziert und Triviales schwierig auszudrücken, wird leider traditionell von vielen Soziologen, Philosophen und so weiter als ihre legitime Aufgabe angesehen. So haben sie es gelernt, und so lehren sie es." Poppers Fazit: Verständliches Deutsch lässt nicht auf mangelnde Arbeit am sprachlichen Ausdruck schließen, im Gegenteil. „Wer's nicht einfach und klar sagen kann, der soll schweigen und weiterarbeiten, bis er's klar sagen kann."[4]

Die *Zerealien* im Müsliriegel, so Werbung und Produktaufschrift, sind nicht weniger peinlich als die *Spoken word performance*.[5] Einige dieser Entgleisungen wirken wie der hilflose Versuch, sich unter dem allgemeinem Wortgetrommel mit eigenem Getöse bemerkbar zu machen. Doch die Gefahr ist groß, dass Leser, Kunden und Geschäftspartner sich davon nicht angesprochen fühlen.

---

3 Neurath, Otto: Protokollsätze. In: Schleichert, H. (Hrsg.), Logischer Empirismus – der Wiener Kreis, München 1975, S. 70–80, S. 71.
4 Popper, Karl R.: Wider die großen Worte. Die Zeit, 24. 9. 1971.
5 Die mittlerweile übliche Bezeichnung für bestimmte literarische Ereignisse. Goethes »Leiden des jungen Werther« sind eine *Spoken word performance,* wenn sie der Schauspieler André Eisermann liest.

Unprofessionelles Geschreibsel hat Konsequenzen:
- Texte, die Geschäftspartner nicht oder nicht richtig verstehen, können wirtschaftliche Nachteile und juristische Auseinandersetzungen zur Folge haben.
- Sie verfehlen Ziele, bleiben erfolglos.
- Sie wenden sich gegen das Ansehen des Autors und des Unternehmens und gefährden den Erfolg selbst aufwändiger Imagepflege.

Profitexte zeigen hingegen, dass der Autor an seine Leser gedacht hat. Vom Werbeslogan bis zum Fachbuch: Der Text kommt an, wenn man beim Schreiben berücksichtigt, wie Menschen lesen und verstehen.

1.2 Lesen und verstehen

Wie versteht man einen geschriebenen Text? Welche Wege gehen die Buchstaben und Wörter vom Papier oder Bildschirm in das Gehirn? Warum ist manches sofort eindeutig und auch nach Jahren noch im Gedächtnis, warum muss man anderes dreimal lesen und hat es doch nicht begriffen?

Auf Dauer gespeichert

Indianische Märchen haben etwas Licht ins Dunkel gebracht. 1932 veröffentlichte der Psychologe Frederic Bartlett Testergebnisse, die viele bis dahin gültige Theorien über den Haufen warfen.[6] Weiße Versuchspersonen hatten eine mythische Geschichte der Indianer, den Krieg der Geister, schlecht verstanden. Als man sie bat, das Märchen nachzuerzählen, konnten sie es nicht richtig wiedergeben. Einiges ersetzten sie durch Begriffe aus ihrer Erfahrungswelt, anderes ließen sie weg. Kurz: Sie brachten vieles gründlich durcheinander.

Diese Menschen kannten sich in der Kultur der Indianer nicht aus, deswegen konnten sie mit dem Text nichts anfangen. Bartlett schloss

---

6 Bartlett, Frederic C.: Remembering. A Study in Experimental and Social Psychology. Cambridge, 5. Aufl., 1964.

daraus, dass wir schon etwas wissen müssen, um Neues zu erlernen. Das ist für uns heute selbstverständlich, damals war es eine neue Erkenntnis. Wenn wir Unbekanntes lesen oder hören, versuchen wir es mit dem Wissen zu begreifen, das in unserem **Langzeitgedächtnis** gespeichert ist. Das kann schnell misslingen, wie die Versuche ergaben. Roger Schank, ein Kognitionswissenschaftler, drückt es in einem Satz aus[7]:

> Wir nutzen, was wir wissen, um zu verarbeiten, was wir aufnehmen.

Wie wir dieses Wissen speichern, ist noch umstritten. Unterschiedliche Modelle und Theorien kommen der Wirklichkeit mehr oder weniger nahe.[8] Sicher ist, dass alles Lernen und Verstehen eine Eigenleistung ist. Sie baut auf dem auf, was ein Leser oder Zuhörer **zuvor** lernen konnte. Je besser sich ein Autor daran orientiert, desto verständlicher sind seine Texte.

Typisch

Gehirne arbeiten möglichst ökonomisch. Dabei hilft die Fähigkeit, für Begriffe, Gegenstände und Situationen so genannte **Prototypen** zu finden. Ein Beispiel: Experimente ergeben, dass für durchschnittliche Bewohner unserer Breitengerade der typische Vogel nicht viel größer als ein Sperling ist. Wenn man sie bittet, einen Satz zu bilden, in dem das Wort *Vogel* enthalten ist, entstehen Beispiele wie: So um die zwanzig Vögel sitzen morgens oft vor meinem Fenster auf der Oberleitung und zwitschern.[9] Das sind weder Pinguine noch Geier. Obgleich die Versuchsteilnehmer wissen, dass auch der Pinguin ein Vogel ist, wird kaum jemand einen Satz aufschreiben, in dem dieses Tier eine Rolle spielt. Für uns ist der Spatz eben typischer als sein antarktischer Verwandter.

---

7 Schank, Roger C.: Dynamic Memory, Cambridge: CUP, 1982, S. 21.
8 Eine ausgezeichnete Einführung aus neurowissenschaftlicher Sicht gibt das Buch von Markowitsch, Hans-Joachim: Dem Gedächtnis auf der Spur. Vom Erinnern und Vergessen. Darmstadt: WBG, 2002.
9 Rosch, Eleanor: Human Categorization. In: Warren, N. (Hrsg.): Studies in Cross-Cultural Psychology, Bd. 1, S. 1–48 London u. a., 1977.

Diese Ökonomie des Denkens gilt auch für andere Bereiche, die Wahrnehmung von Räumen, Erwartungen und Wünsche. Wer in einer unbekannten Wohnung eine Zimmertür öffnet, hat Vorstellungen über den Raum dahinter. Er wäre schockiert, fände er den Nordseestrand. Mit dem Bruch dieser Erwartungen arbeiten einige Autoren ganz bewusst, etwa in Kriminalromanen oder in Werbespots: Die Fahrstuhltür im Kaufhaus öffnet sich, und ein ICE rauscht heran. Die Überraschung in Film und Literatur lässt sich auch auf jede Art Text übertragen. Beim Schreiben muss man es sich aber gründlich überlegen, ob dieser Effekt erwünscht ist, die Regel ist es nicht.

> Je mehr ein Text auf typische Verwendung von Begriffen eingeht, desto besser versteht man ihn.

Professionelle Autoren berücksichtigen die Erwartungen der Leser, knüpfen an sie an. Auch Texte, die dem Leser Neues mitteilen, müssen ihn in seiner vertrauten Welt abholen.

Zeit ist knapp

Ob es ein eigenes Kurzzeitgedächtnis gibt, ist umstritten. Einiges spricht dafür, dass unser Langzeitspeicher stattdessen einen oder mehrere Arbeitsplätze einrichtet. Sie dienen neuen Informationen zum zeitlich begrenzten Aufenthalt. Dieses Arbeitsgedächtnis ist ein kleiner Zwischenspeicher, es wirkt wie ein Flaschenhals, durch den jede Information hindurch muss.

Versuchsergebnisse lassen vermuten, dass nur wenige Informationen in diesen Speicher gelangen und darauf warten, dass sie das Langzeitgedächtnis herausliest, um sie weiterzuverarbeiten. Ist das nicht möglich, kommt der Prozess ins Stocken, es geht nicht weiter. Der Mensch erinnert nicht richtig, was er gerade liest oder hört. Ein gutes Beispiel liefern Tests mit Schachspielern:

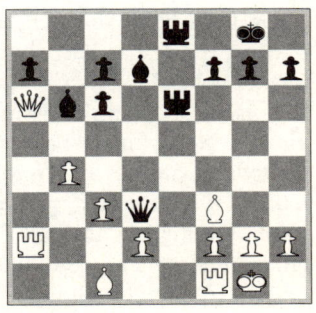

Die Spieler werden in einen Raum gebeten und sehen kurze Zeit eine

Stellung der Figuren an, die in einer Partie tatsächlich vorkommen kann. Anschließend müssen sie die Anordnung der Figuren wieder aufbauen. Gute Spieler erreichen dabei auch gute Ergebnisse, schlechte entsprechend dürftigere. Das klappt aber nur, wenn die Schachfiguren so auf dem Brett verteilt sind, wie es sich während eines Spiels ergeben könnte. Stehen sie eher zufällig oder regelwidrig, ist das Resultat von der Spielstärke der Testpersonen unabhängig.

Daraus kann man folgern: Der gute Spieler verfügt über eine reiche Bibliothek an Schachstellungen in seinem Langzeitgedächtnis. Sie hilft ihm dabei, die Verteilung der Figuren aus dem Arbeitsgedächtnis herauszulesen. Schlechten Spielern fehlt diese Unterstützung. Sind die Spielsteine hingegen sinnlos verteilt, herrscht wieder Chancengleichheit. Die Bibliothek ist nutzlos, gute wie schlechte Spieler kommen zum gleichen Resultat.

Ganz ähnlich den Spielstellungen hält das Gedächtnis auch die Wörter und Regeln für ihre Verwendung vor. Bekannte Wörter kann der Leser mühelos aus dem Kurzzeit- oder Arbeitsspeicher entnehmen.

> Unbekannte Wörter verstopfen das Arbeitsgedächtnis.

Der Prozess geht nicht weiter, der Flaschenhals ist dicht. Viele Informationen passen ohnehin nicht hinein. Bei etwa sieben bis neun Informationsbündeln – der Fachausdruck ist *Cluster* – ist dieser Teil des Gedächtnisses an seine Grenzen gelangt.

Was bei einem Stau geschieht, sieht man deutlich bei langen komplizierten Sätzen, in denen unbekannte Ausdrücke vorkommen. Ist man am Ende des Satzes angelangt, sind die ersten Wörter schon wieder gelöscht. Das Gehirn brauchte zu lange, um sie erfolgreich herauszulesen, man versteht nicht. Also noch einmal von vorne beginnen. Den ganzen Satz wiederholt lesen, zweimal, dreimal. Irgendwann hat der Leser verstanden oder er gibt frustriert auf. In manchen Situationen, zum Beispiel bei Vorträgen, ist wiederholtes Lesen unmöglich. Da hilft dann nur eine Standardfrage, die selten ein Kompliment an den Referenten ist: „Können wir eine Kopie der Overheadfolien erhalten?"

> Textverstehen liegt an dem, der schreibt. Hat er das Wissen seines Lesers richtig eingeschätzt, geht es schnell und reibungslos.

Der Umfang der Cluster ist von vielen Faktoren abhängig. Es können ein oder mehrere Wörter sein, eine Zahlengruppe, etwa Teil einer Telefonnummer, oder eben auch die Verteidigungsstellung einer Bauernkette im Schach. Geübte Leser sind trainiert, Wortfolgen und Sinneinheiten zusammenzufassen. Gedächtniskünstler übersetzen riesige Zahlenkolonnen in Landschaften, Wanderungen oder Geschichten. Nur in dieser Verpackung können die Ziffern das Arbeitsgedächtnis passieren und anschließend auch wieder zurückgeholt werden.

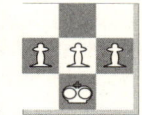

> Bildung, Erfahrung und Übung bestimmen das Speichervermögen.

Der alte Steuermann

Ein falsches Wort, ein alberner Witz und schon ist es passiert: Man kann sich nicht mehr auf das Gelesene konzentrieren. Fast automatisch hat sich ein anderer „Betriebszustand" eingestellt, Ärger verdrängt Neugier und Aufmerksamkeit.

Dafür ist keine bewusste Entscheidung verantwortlich. Über die Grundeinstellung des Denkapparates entscheidet ein – entwicklungsgeschichtlich – uralter Bereich des Gehirns, das limbische System.

Zu seinen Aufgaben gehört bei allen Wirbeltieren die Steuerung der lebens- und arterhaltenden Verhaltensformen: Neugier, Aggression, Sexualität, Ernährung und Angst. Auch beim Menschen bestimmt es, welche Haltung die anderen Komponenten des zentralen Nervensystems

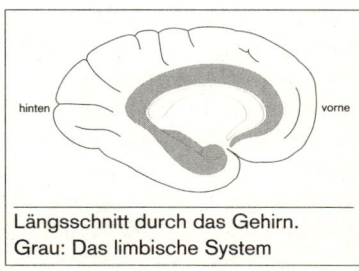

Längsschnitt durch das Gehirn.
Grau: Das limbische System

zur gegenwärtigen Situation einnehmen. Dabei entzieht es sich selbst der intellektuellen Überwachung: Man kann nicht bewusst entscheiden, ob man neugierig sein will, wütend, verliebt oder hungrig.

Wer etwas lesen will – nicht muss –, hat zunächst eine positive Grundhaltung gegenüber dem Text. Das limbische System übergibt die Kontrolle an andere Einheiten, um seine Wissbegier zu befriedigen. Dann kann es passieren:

Das Lesen bereitet unnötig Mühe, der Text ist schwer verständlich. Oder sexuelle Anspielungen, abfällige Bemerkungen über Religion oder politische Kommentare ruinieren die Stimmung. Vielleicht erwähnt ein Beispiel ständig den Politiker, Sportler oder Musiker, den man überhaupt nicht ausstehen kann.

Das lässt die uralte Steuerung reagieren. Interesse und Wissensdrang weichen der Ablehnung und vielleicht sogar dem Zorn. Selbst wenn das letzte Kapitel genial sein sollte, werden wir es nicht mehr wahrnehmen.

Humor und Witz sind besonders geeignet andere Wirkungen zu erzielen, als die Verfasser beabsichtigen. Selbst wenn nur wenige nicht lachen, wäre es ein Ärgernis, sollten ausgerechnet diese Leser die Kunden sein.

Professionelles Schreiben verlangt, dass der Autor auf alles verzichtet, das den Leser, den er erreichen will, kränken könnte.

1.3 Wer liest?

Hallo, guten Tag oder die *sehr geehrten Damen und Herren? Edle, feinst gewirkte Stoffe* oder *robustes Garn?* Darf ein Satz fünfzehn Wörter enthalten, oder sollen es nie mehr als zehn sein? Sind Nebensätze erwünscht, weil sie Abhängigkeiten und Zusammenhänge illustrieren, oder verwendet man sie nur ausnahmsweise? Muss man ein Fremdwort nutzen, weil der Kunde sonst am Sachverstand des Schreibenden zweifelt, oder ist dieser Ausdruck tabu, weil ihn der Leser sicher nicht richtig verstehen wird?

Ob ein Text gut ist oder nicht, entscheidet in erster Linie der, für den er geschrieben ist. Er wird nur dann zufrieden sein, wenn das Geschriebene den Voraussetzungen entspricht, die er als Leser mitbringt. Ob die Formulierungen dem Autor, dessen Vorgesetzten oder einem Kulturredakteur besser gefallen könnten, ist unwichtig.

Was weiß man über den Leser? Der sicherste Weg ist eine **Leseranalyse**. Zeitungen und Zeitschriften geben zum Teil sehr aufwändige Analysen in Auftrag, deren Ergebnisse für Werbekunden als Mediadaten bereit stehen. Werber wollen wissen, ob sie ihre Zielgruppe mit diesem Blatt erreichen, wie das Verhältnis zwischen dem Preis für das Schalten einer Anzeige und den Erfolgsaussichten ist.

Mit der typischen Leseranalyse beauftragen Verlage ein Marktforschungsinstitut. Dort entwickeln Experten einen Fragenkatalog, der zu möglichst aussagekräftigen Ergebnissen führt, zum Beispiel über Lese- und Konsumverhalten, soziale oder psychologische Faktoren. Die Experten bestimmen, wie viele Personen mit welchen Eigenschaften aus welchen Orten zu interviewen sind. Die empirische Sozialforschung und Werbewirkungsforschung halten für jeden Interessenten ein reiches Inventar an Methoden bereit.

Viele Profis – wahrscheinlich die Mehrheit – müssen auf einer weniger soliden Grundlage aufbauen. Sie schreiben nur einem Leser oder einer kleinen Gruppe, die manchmal auch noch uneinheitlich zusammengesetzt ist. Zeit und Geld für eine mit wissenschaftlichen Methoden erstellte Leseranalyse fehlen. Da bleibt nur in Selbsthilfe die verfügbaren betrieblichen Informationen zu nutzen und durch eigene Recherchen zu ergänzen.

Leseranalyse mit Bordmitteln – die Quellen

Wer in einem Unternehmen an **Kunden** und **Geschäftspartner** schreibt, sollte genug über den Leser erfahren können. Die Informationen liegen nur nicht offen herum, stehen nicht bereit. Durch Gespräche mit Kollegen und etwas Recherche in Dateien, Ordnern und im Internet steht meist schnell das nötige Wissen parat.

Schwieriger wird es für **externe Texter.** Sie haben selten Zugang zu den Festplatten oder Archiven und wissen auch nicht, wen sie befragen müssen. Sie sollten sprachliche Details, die der Auftraggeber geregelt wissen will, während der Auftragsvergabe klären. Im günstigsten Fall existieren Richtlinien für die sprachliche Gestaltung, ein Style Guide oder ähnliche Anweisungen. Im Vertrag sollte auf jeden

Fall geregelt sein, welche Informationen der Auftraggeber zur Verfügung stellen muss, damit der externe Dienstleister ein Projekt erfolgreich zu Ende bringen kann – Briefe, Dokumentationen, werbliches Material, schriftliche Beispiele für die Kundenkommunikation. Gegebenenfalls sind ein oder zwei Interviews mit kompetenten Gesprächspartnern einzuplanen.

Für **interne Texter** bieten sich genug Quellen, aus denen sie über angemessenen Sprachgebrauch lernen können. Wenn die Marketingabteilung sogar eine Zielgruppenanalyse in Auftrag gegeben hat, sind schon viele Fragen beantwortet. Darüber hinaus hilft eine Recherche.

Datenbanken

Kundendatenbanken verschaffen Auskunft über die Position von Ansprechpartnern: Führungskraft, für Technik zuständig, Vertrieb, Marketing, Buchhaltung. Eine ideale Ergänzung ist die Datenbank von Anwendungsberatung, Hotline oder Support. Die Mitarbeiter dieser Abteilungen tragen Schwierigkeiten ein, die Kunden mit Produkten reklamieren. Gelegentlich finden sich unter den Daten Hinweise auf unverständliche Texte in Handbüchern, Produktaufschriften, Begleitschreiben oder auch Marketingmaterial.

Produktbeschreibungen und Handbücher

Positive Belege sind eigene Bedienungsanleitung und Schulungsunterlagen. Wenn sie von Profis gestaltet sind, sagen sie viel über den Sprachgebrauch der Produktanwender aus.

Kundendokumente

Vieles liegt auch von Kundenseite in schriftlicher Form vor. Die Kundenakte enthält Briefe, Anfragen und Beschwerden, die immer auch etwas über den Sprachstil des Partners mitteilen. Wer weiß, wie der Leser schreibt, findet leichter den richtigen Ton. Vorsicht aber bei Selbstdarstellungen im Internet und in Broschüren. Ob sich daraus etwas über die Sprache des Geschäftspartners erfahren lässt, hängt davon ab, wer für die Gestaltung zuständig war. Es gibt Manager, die ihre eigenen Druckschriften und Internetseiten nicht verstehen, weil allzu kreative Textdesigner über das Ziel hinaus geschossen sind. Solche Darstellungen führen eher in die Irre.

Internetrecherche

Eigene Recherchen im Internet erbringen vereinzelt verblüffende Ergebnisse, ein Beispiel: Suche nach einer Führungskraft. Es stellt sich heraus, dass der Gesuchte regelmäßig an einer Newsgroup[10] teilnimmt, dort engagiert mit den anderen streitet und auch kompetent Ratschläge in einem Sachgebiet erteilt. Solche Funde sind wertvolle Originale, die das Bild verdichten. Sie klären, welche Fach- und Fremdwörter dieser Leser erwarten wird, wie man ihn ansprechen kann. Auskunft dazu geben auch Fachzeitschriften und Fachliteratur, die der Kunde mit Sicherheit abonniert hat und auch liest. In vielen Branchen sind Verbandszeitschriften ein gutes Abbild der Sprachverwendung.

Von Angesicht zu Angesicht

Der persönliche Kontakt zum Leser gibt die besten Tipps für Autoren. Wenn es sich irgendwie einrichten lässt, nehmen sie an Messen, Firmenveranstaltungen, Präsentationen und Schulungen teil. Geht das nicht, müssen die Kollegen aus Marketing, Vertrieb und Service zu ihren Erfahrungen mit dem Sprachgebrauch der Kunden befragt werden.

Andere Quellen

Je qualifizierter ein Leser ist, desto wahrscheinlicher liest er eine Fachzeitschrift. Ist sie gut gemacht, wird sie von ihren Lesern akzeptiert, gibt sie Auskunft über dessen Fachsprache. Autoren, die nur für eine oder wenige Kundengruppen schreiben, sollten diese Zeitschriften regelmäßig lesen. Sie spiegeln rechtzeitig Veränderungen des Sprachgebrauchs wider und informieren über aktuelle Trends. Auf Anforderung versenden Zeitschriften ihre Mediadaten an künftige Anzeigenkunden, oft eine wertvolle Hilfe für die eigene Leseranalyse.

Leseranalyse – die Informationen

Der professionelle Text nimmt zwei Hürden: Er passt zu dem im Gedächtnis gespeicherten Wissen, ergänzt es und wird dabei Ge-

---

10 Newsgroups sind elektronische Diskussionsrunden im Internet.

genstand kritischen und kreativen Denkens. Das limbische System und andere Komponenten unbewusster Steuerung regt er zu Neugier und Interesse an. Um beide Ziele zu erreichen muss die Leseranalyse Informationen bereitstellen, **verständliche Texte** zu schreiben und den **richtigen Ton** zu treffen.

Eine Methode, die immer gleich nützlich wäre, gibt es leider nicht. Es reicht völlig aus, eine Reihe Fragen über den Leser zu stellen. Wonach zu fragen ist, entscheiden Situation und die Bedeutung des Textes. Wer eine Broschüre für Partner im Sondermaschinenbau schreibt, interessiert sich nicht dafür, ob seine Leser Kinder haben. Will aber ein Reiseunternehmen Kunden über besondere Schnäppchen informieren, die kurzfristig zu buchen sind, kann das Wissen über den Familienstand unverzichtbar sein.

Verständliche Texte

Von vier Faktoren hängt ab, ob ein Leser versteht oder nicht: Bildung, Sprachwissen, Fachwissen und Lesealter.

• **Bildung:** Sie entscheidet, wie ein Text aussehen muss oder darf, damit Leser ihn verstehen können. Dabei ist der formale Abschluss eine hilfreiche Größe, wenn auch nicht die einzige. Mittlerweile gibt es genügend Studierende, denen das Lesen und Verstehen längerer Texte durchaus schwer fällt. Dieses Thema ist sensibel, denn viele empfinden es als diskriminierend auf mangelnde Bildung und fehlende Fertigkeiten in elementaren Kulturtechniken hinzuweisen.

Viele Erwachsene können kaum lesen, etwa vier Millionen Deutsche sind funktionale Analphabeten.[11] Ob diese Betroffenen einzelne Wörter oder Satzfragmente verstehen können, ist unbekannt. Verlässliche Zahlen sind schwer zu ermitteln, auch die Definition des funktionalen Analphabetismus ist umstritten.

Entscheidend ist, dass Profitexter sich auf deutsche Erwachsene einrichten müssen, denen das Lesen und Verstehen selbst einfachster Texte erhebliche Schwierigkeiten bereitet. Auch diese Leser zahlen und „bestimmen die Musik".

---

11 Döbert, Marion; Hubertus, Peter: Ihr Kreuz ist die Schrift. Analphabetismus und Alphabetisierung in Deutschland. Stuttgart: Klett, 2000, S. 37. Auch: http://www.alphabetisierung.de/

• **Sprachwissen:** Wer Deutsch nicht als Muttersprache spricht, kennt oft weniger Wörter als ein Muttersprachler und kann sich schwer ein unbekanntes Wort oder einen komplizierteren Satz erklären. Wortwahl und Satzbau dürfen diesen Leser nicht überfordern. Wer von einem Kunden weiß, dass er das Deutsche als Fremdsprache gelernt hat, muss darauf Rücksicht nehmen.

Das Sprachwissen vieler Leser – die Beherrschung des Deutschen – ist unabhängig vom Bildungsniveau. In Deutschland arbeiten viele gut ausgebildete Experten, die vertraut mit der Fachterminologie ihres Arbeitsgebietes sind – etwa Medizin oder EDV –, viele Eigenheiten der deutschen Sprache sind ihnen jedoch nach wie vor fremd.

• **Fachkenntnisse:** Liest der Fachmann oder ein Laie? Wer Fachkenntnisse hat, erwartet auch, dass der Text Fachwörter – die gewohnten Ausdrücke – benutzt. Dem Leser ohne diese Kenntnisse ist damit nicht gedient, er wird den Text nicht verstehen, weil ihm viele Wörter unbekannt sind.

Ist damit zu rechnen, dass sowohl Experten als auch Laien das Geschriebene verstehen müssen, geht es deswegen nicht ohne besondere Vorkehrungen. Oft hilft ein Glossar, eine Liste mit Erklärungen der Fachausdrücke. So müsste der Autor bei einem medizinischen Gerät verfahren, das sowohl in Arztpraxen als auch von Heimanwendern genutzt wird.

• **Lesealter:** Eine durchschnittliche unbeschwerte Entwicklung vorausgesetzt, können Kinder ab spätestens elf Jahren Texte fast so gut verstehen wie Erwachsene. Sie können auch lesen und verarbeiten, was nicht eigens für ihre Altersstufe geschrieben wurde. Sie fassen manches nur etwas anders auf, können es nicht durch erwachsene Erfahrungen bestätigen.

Anders in den ersten Jahren des Lesetrainings: Je jünger die Kinder sind, desto geringer ist der Wortschatz. Konkrete, kurze, anschauliche und gebräuchliche Wörter, keine Fremdwörter sowie ein einfacher Satzbau sprechen Leseanfänger an. Der Text muss kurz sein. Die Argumentation muss berücksichtigen, dass Kinder Fragen stellen wollen. Sie achten besonders auf die Logik, in dem sich ein Sachzusammenhang darstellt. Wo Erwachsene stillschweigend fehlende Informationen ergänzen können, reagieren Kinder verstört, wenn die Dinge nicht zusammenpassen. Ihnen fehlt die Erfahrung, um logische Brüche auszugleichen. Profis testen Texte für Kinder in der Altersgruppe, die sie lesen sollen.

Der Ton macht die Musik

Vier weitere Faktoren entscheiden, ob der Text sein Ziel erreichen kann. In fachlichem und betrieblichem Umfeld erwarten Lesende, dass er an die Voraussetzungen des Arbeitsalltags anknüpft. Persönliche Eigenschaften ergänzen die Haltung gegenüber dem Dokument. Im Konsumgütermarkt denken Texter an das familiäre und soziale Umfeld der Leser. Nicht zuletzt berücksichtigen sie auch deren Erfahrungen aus der erfolgreichen oder kritischen Zusammenarbeit.

(1) Fachlich und betrieblich

- **Fachgebiet:** Das Fachgebiet kann Hinweise geben, wie ein Text argumentieren muss. In einigen Firmen teilen sich ein Ingenieur und ein Kaufmann die Leitung einer Organisationsebene: Unterschiedlicher Sprachgebrauch, keine einheitliche Argumentation, verschiedene Sichtweise des gleichen Gegenstands. Wenn es möglich ist den Text an einen der beiden zu adressieren, erzielt man bessere Ergebnisse mit einer technikorientierten oder eben der betriebswirtschaftlichen Logik.
- **Eher praktisch orientiert oder theoretisch:** Wenn der Leser eine Sache lieber praktisch angreift, sollte sich der Text dem anpassen. Dem Praktiker reicht oft eine Checkliste, andere wollen auch den Hintergrund kennen.
- **Position/Funktion:** Die Interessen der Leser bestimmen, wie der erfolgreiche Text argumentiert. Wie man den Partner auf Kundenseite ansprechen muss, hängt deswegen auch von dessen Position und Funktion ab.
  Wer trifft Kaufentscheidungen, wer arbeitet mit dem Produkt, wer ist für die Wartung zuständig? Drei typische Fragen über den Kunden als Leser, jeder hat eigene Erwartungen an einen Text.
- **Branche:** Der Geschäftsführer eines jungen Multimedia-Unternehmens erwartet eine andere Ansprache als der Leiter einer Bankfiliale. In einigen Märkten zeigt die Sprache – ähnlich den Kleidungsgewohnheiten, Büroeinrichtungen und anderen Status-

symbolen –, dass man dazu gehört. Branchentypischen Sprachgebrauch zeigen oft Fachzeitschriften und Internetangebote, die auf
diesen Lesertyp zugeschnitten sind.

(2) Persönlich

- **Psychologische Faktoren:** Werbegestalter versuchen auf Werte,
  Einstellungen und Grundhaltungen ihrer Zielgruppe einzugehen.
  Einen Leser, der hauptsächlich emotional entscheidet, spricht der
  erfolgreiche Texter anders an als einen Perfektionisten. Wortwahl,
  Motive und Begründungen orientieren sich an solchen Persön-
  lichkeitsmerkmalen.

- **Geschlecht:** Was für Frauen und Männer gleichermaßen geschrieben wird, spricht oft nur *den Leser* an. Diese Ausdrucksweise
  empfinden viele Kundinnen als kränkend und rücksichtslos.
  Das Deutsche bietet keine wirklich neutrale Anrede der Leserinnen und Leser, eine, die immer nützlich ist, den Text weder unan-
  sehnlich noch schwer verständlich macht. Deswegen sind die fünf
  Lösungen im Praxisteil nur Hilfskonstruktionen.

- **Religion, Nationalität, Kultur:** Wer bei Terminvorschlägen rechtzeitig kontrolliert, ob dieses Datum für den anderen ein Feiertag
  ist, kann sich Absagen ersparen und demonstriert überdeutlich,
  dass er diesen Partner respektiert. Der übliche Glückwunsch zum
  neuen Jahr, womöglich eine Karte mit Abbildung einer Sektfla-
  sche ist wenig professionell, wenn der Adressat Muslim ist.
  Spricht man Geschäftspartner in einem islamischen Land auf diese Weise an, ist die Blamage – oder das Ärgernis – perfekt.
  Vieles erscheint uns selbstverständlich, das schon jenseits der
  Grenzen unseres Landes keine oder eine andere Bedeutung hat.
  Professionelles Schreiben heißt, dass der Text nationale, religiöse
  und kulturelle Orientierungen des Lesers respektiert.
  Ein Unternehmen, das internationale Geschäftsbeziehungen
  pflegt, braucht für jedes Land einen Feiertagskalender. Selbst ein-
  gefleischte Karnevalsgegner werden am Rosenmontag keinen Termin mit einem Kölner Kunden vorschlagen. Sensibilität entscheidet mit über den Erfolg der Kommunikation, sowohl regional als
  auch international. Der angemessene Glückwunsch zu den richtigen Feiertagen zeichnet professionelles Schreiben aus.

Mehrkosten können für Übersetzungen und Lokalisierungen entstehen, wenn Dokumente eines Unternehmens sich unnötig auf christliche Symbolik und Bräuche beziehen. Weihnachten und Ostern sind in vielen Ländern der Welt unbekannt oder haben dort kaum eine Bedeutung.

Ein leidiges Thema ist in diesem Zusammenhang das Design von Adressdatenbanken. Vor- und Familienname verlangen viele Programme, dazu ein Mittelinitial oder ein ausgeschriebener weiterer Vorname. Das reicht nicht für die internationale Geschäftskorrespondenz. Arabische Namen werden beispielsweise gnadenlos gekürzt und nach europäischem Brauch in ein ihnen fremdes Muster gepresst. Dabei entstehen nicht unbedingt höfliche Varianten.

- **Körperliche Einschränkungen:** Viele Menschen sind durch Krankheiten und Behinderungen beim Lesen, manchmal auch Verstehen eines Textes im Nachteil gegenüber Gesunden oder Nicht-Behinderten. Autoren, die solche Kunden übersehen, handeln nicht im Sinne des Behindertengleichstellungsgesetzes und wenigstens unter diesem Aspekt unprofessionell. Zur Leseranalyse gehört die Frage, ob Leser behindert sind. Wie auf die unterschiedlichen Behinderungen zu reagieren ist, erfordert dann eine eigene Recherche. Allgemein gültige Empfehlungen gibt es nicht, Interessengruppen und Organisationen bieten aber im Internet Informationen für Texter an, beispielsweise für eine behindertengerechte Gestaltung von Webseiten.[12]

(3) Familiäres und soziales Umfeld

- **Alter:** Altersgemäße Texte sind an der Wortwahl zu erkennen: Ein Möbelhaus kann junge Paare in der Nestbauphase anders ansprechen als erfolgreiche Geschäftsleute, die ausgewählte Objekte für

---

12 Ein Start für die Recherche ist im Internet unter: Ratgeber Krankheit & Behinderung, http://www.ratgeber-krankheit-behinderung.de/ oder Aktion Mensch, http://www.einfachfueralle.de/. Über diese Adressen sind auch Tipps für die Gestaltung von Internetseiten zugänglich. Weitere Informationen zu diesem Thema bietet eine Broschüre des Bundesministerium für Wirtschaft und Technologie: Einfach machen. Barrierefreie Web-Angebote. Service für Betriebe und Unternehmen, Bonn 2001. Erhältlich unter: http://www.digitale-chancen.de

ihr Eigenheim suchen. Kinder und Jugendliche haben einen eigenen Sprachgebrauch, oft genug zum Ärger der Eltern und Lehrer. Profitexte finden den richtigen Ton, ohne sich beim Leser anzubiedern.

- **Familie, Kinder:** Die gemeinsame Verantwortung für Kinder festigt und unterstützt ein Wertesystem, das der Single-Haushalt nicht praktiziert.
  Urlaub, Schulferien, Weihnachten, Spielkonsole, Harry Potter, Nahrungsgewohnheiten, Kosten für Kleidung und Schulsachen: Viele Dinge spielen in der Welt der Eltern eine Rolle, die für andere Leser eine andere oder manchmal überhaupt keine Bedeutung haben.

- **Sozialer Status:** Schichtzugehörigkeit, Einkommen, Prestigedenken und ähnliche Faktoren hängen mit dem Sprachgebrauch zusammen: Lebensstandard an der Armutsgrenze oder Neigung zu hochpreisigen Produkten?

- **Soziales Umfeld:** Lieder und Slogans idealisieren Wohngegenden, Vereine und Bürgerbewegungen: *Wir in...; wir vom...; wir alle sind dafür, dass...* Daran kann ein Text anknüpfen, ebenso an Bezugsgruppen oder Meinungsführer, die für Leser bedeutsam sind.

(4) Zusammenarbeit

- **Erfahrungen des Lesers mit Produkt oder Dienstleistung:** Für Kunden, die ein Produkt gut kennen, reichen oft einige wenige Hinweise. Neukunden benötigen umfangreiche Erklärungen, Beschreibungen oder Anleitungen, um den Text ebenso erfolgreich nutzen zu können. Orientiert sich beispielsweise die produktbegleitende Literatur an den typischen Fragen und Bedürfnissen des noch unerfahrenen Anwenders, spart das Geld für Service und Anwenderberatung.
  Haben sich vertraute Wege eingespielt, erübrigt sich jede Überlegung, wie Briefe und Schriftstücke zu gestalten sind. In einigen Branchen kennt man die Kunden, den Geschäftspartner, und arbeitet mit ihm jahrelang zusammen. Man weiß, was er wünscht, kann auf manches Detail verzichten. Texte entstehen wie aus der Hüfte geschossen. Kritisch wird es, wenn plötzlich ein anderer am

Schreibtisch sitzt. Vorsicht auch bei allem, das juristische Bedeutung haben könnte (Vertrags- oder Haftungsangelegenheiten) oder auch bei Texten, die auf Kundenseite von Unbekannten gelesen werden könnten.

- **Belastbarkeit in der Kooperation:** Die Datenbank der Anwenderberatung gibt Auskunft darüber, welche Stimmung bei einem Kunden vorherrschen könnte, wenn es nicht ohnehin überall im Betrieb bekannt ist. Gab es ernste Schwierigkeiten? Sind Versprechungen nicht eingehalten worden? Fröhliche Darstellung der Produktleistungen wirkt wie Hohn auf den Leser, der sich gerade beschwert hat, weil etwas nicht klappt.

Schriftlich?

Die Leseranalyse erschöpft sich oft in wenigen Stichworten auf Papier. Die meisten Autoren haben sie nur im Kopf, sie bleibt ein Gedankenspiel, eine Hypothese über Leser, die im Detail Fehler enthalten wird. Auch die gründliche Untersuchung bietet keine Gewissheit, sie zeigt aber den richtigen Weg auf.

Von drei Sonderfällen abgesehen, wird das Ergebnis selten schriftlich fixiert, die Ausnahmen sind:

(1) Im Rahmen der Auftragsvergabe für externe Dienstleister benennen beide Parteien Merkmale des Lesers, die der Text berücksichtigen oder ansprechen muss.

(2) Mehrere Autoren schreiben in einem gemeinsamen Projekt über einen längeren Zeitraum an unterschiedlichen Dokumenten.

(3) Das Wissen über den Leser nutzt ein Betrieb, um Anleitungen und Verfahren für die richtige Textgestaltung festzulegen. Beispielsweise können Persönlichkeitsmerkmale zu Gruppen zusammengefasst und in Adressdatenbanken eingetragen werden. Anspruchsvollere Ansätze sind Richtlinien oder Style Guides für die Textgestaltung.

Nicht nur für den Dienstgebrauch

Schreiben wie die Profis erschöpft sich nicht in der Geschäftskorrespondenz und den vielen Millionen Seiten, die jeden Tag in Unternehmen, Verbänden und Behörden verfasst werden. Geschrieben wird in allen Lebensbereichen, in Kultur, Politik und Freizeit. Auch der Text für den Sportverein ist Ausweis der eigenen professionellen Sprachkompetenz. Die Frage „Wer liest?" – die Leseranalyse – hilft bei vielen Gelegenheiten, nicht nur im Wirtschaftsleben. Sie steht am Anfang des Schreibens und unterscheidet den Profi vom Amateur.

1.4 Praxisteil

Lesergerechtes Schreiben ist also nur möglich, wenn der Autor etwas über den Leser weiß. Wer einfach nur ins Blaue textet, schreibt für sich selbst – das Gegenteil von professioneller Arbeit. Was aber kann man wirklich wissen, wenn die Lesenden nicht persönlich bekannt sind?

Die ideale Grundlage ist eine Leseranalyse, eine Datenerhebung über die Zielgruppe. Intensität und Resultat dieser Analyse hängen nicht zuletzt vom Budget ab, das selten eine aufwändige Untersuchung erlaubt. Meist begnügt man sich mit einigen Überlegungen, die Erfahrung und Sprachgefühl des Autors ergänzen müssen.

Daten über Leser gewinnen

- Stammdaten des Unternehmens nutzen.
- Datenbank der Anwendungsberatung: Besonders ergiebig sind Beschwerden der Anwender, die etwas nicht verstanden hatten.
- Kundenakte/Briefwechsel
- Produktdokumentationen, Gebrauchsanleitungen, Installationsanleitungen
- Schulungsunterlagen
- Recherchen im Internet
- Fachliteratur und Fachzeitschriften, die vom Kunden gelesen werden.
- Persönlichen Kontakt suchen: Messen, Firmenveranstaltungen, Präsentationen, Schulungen
- Kollegen befragen: Vertrieb, Marketing, Schulung, Kundendienst

Leseranalyse zum Textverstehen

Vom Büromöbel bis zum Flugzeugsitz: Das Design erfolgreicher Produkte richtet sich immer auch nach den Möglichkeiten des Anwenders. Ähnliches gilt für eine **Ergonomie** der Texte. Die Leseranalyse zum Textverstehen steht deswegen im Vordergrund.

Bildung: Konsequenzen für die Wortwahl, Satzlänge und den Einsatz stilistischer Mittel

Sprachbildung, Lesekompetenz:	☐ hoch	☐ mittel	☐ gering

Die Antworten sind an mögliche Lesergruppen anzupassen. Denkbar ist auch ein Eintrag für sehr geringe Lesekompetenz. Funktionaler Analphabetismus beeinträchtigt etwa 5 % der deutschen Bevölkerung. Dokumente, die juristische Konsequenzen haben könnten und/oder sicherheitsrelevant sind, sollten für Menschen mit geringer Lesefähigkeit nur Autoren anfertigen, die darauf spezialisiert sind, etwa für Sicherheitshinweise oder Betriebsanleitungen.

Abhängig vom Kommunikationsziel können weitere Fragen zur Bildung die Analyse ergänzen: Berufsabschluss, Allgemeinbildung.

Sprachwissen: Ist Deutsch Muttersprache? ☐ ja   ☐ nein

Fachkenntnisse:

☐ Experte	☐ gut	☐ wenig	☐ keine

Oder vereinfachend:

☐ abgeschlossene Berufsausbildung	☐ angelernt	☐ ungelernt

Lesealter:

☐ >11	☐ 10–11	☐ 8–9	☐ 7	☐ 6	☐ <6

Wenn ein Text für Leseanfänger zu schreiben ist, müssen Wortwahl, Argumentation und Logik sich dem Lesealter anpassen. Das Alter allein kann allerdings keine Auskunft über den tatsächlichen Entwicklungsstand geben.

Leseranalyse fachlich und betrieblich

Fachgebiet	Kaufmann	☐
	Ingenieur	☐
	Informatiker	☐
	...	☐
Orientierung	☐ praktisch	☐ theoretisch
Position/Funktion	Kaufentscheider	☐
	Produktnutzer	☐
	Wartung	☐
	...	☐
Branche	...	

Leseranalyse zu persönlichen Eigenschaften

Psychologische	Perfektionist	☐
Faktoren	Konservativer	☐
	Impulsiver	☐
	Emotionaler Typ[13]	☐
	...	☐
Leserinnen: Beispiele für korrekte Anrede in anderen Dokumenten des Unternehmens?	☐ vorhanden	☐ fehlen
Religion	...	
Nationalität	...	
Kulturelle Besonder-heiten	...	
Übersetzung oder Lo-kalisierung beabsichtigt	☐ ja	☐ nein

Leseranalyse zu familiärem und sozialem Umfeld

Familie	☐ ja	☐ nein

In vielen Bereichen haben sich die Vorstellungen über Familie und Lebensgemeinschaft geändert. Wenn dieser Gesichtspunkt für die Leseranalyse bedeutend ist, muss sich die Frage dem anpassen.

---

13 Beispiel nach Förster, Corporate Wording.

Kinder   ☐   ☐
                     ja   nein

Alter: . . .

Soziales Umfeld:

- Engagement in Vereinen oder Verbänden
- Sport
- Kultur
- Umweltschutz
- Politik
- . . .

Bezugsgruppen, Meinungsführer:

Sozialer Status:

Mitentscheidend für erfolgreiche Argumentation und Wortwahl.

Abhängig von der Branche ist ein Kriterienkatalog erforderlich, der sich an den Anforderungen des Auftraggebers orientiert. Die einfachste Form nutzt ein Schichtenmodell:

- Oberschicht
- Mittelschicht
- Unterschicht

Ein besserer Weg beruht auf den **demographischen Standards,** die herausgegeben werden vom

- Statistischen Bundesamt,
- der Arbeitsgemeinschaft Sozialwissenschaftlicher Institute e. V. und dem
- Arbeitskreis Deutscher Markt- und Sozialforschungsinstitute e. V.

Diese Standards bieten Kategorien, die Sozialwissenschaftler und Marktforscher für Befragungen und Interviews nutzen. Sie stehen im Internet bereit auf der Seite der Gesellschaft Sozialwissenschaftlicher Infrastruktureinrichtungen e. V., GESIS: http://www.gesis.org/Methodenberatung/Dem_Standards/index.htm

Der sozio-ökonomische Status dieser Erhebungsmerkmale unterscheidet:

- Bildungsabschluss
- Ausbildungsabschluss
- Erwerbsstatus

- Wenn erwerbstätig: Beruf und/oder berufliche Stellung
- Eine Einkommensvariable

Andere Varianten lehnen sich an Typologien an, die **Marktfor-schungsinstitute** verwenden. Diese müssen Kategorien bilden, in die sie Kunden einordnen. Darin spiegeln sich Werte, Alltagseinstellungen und andere Faktoren, die das Marktverhalten von Menschen mehr oder weniger mitbestimmen. Solche Faktoren – zum Beispiel *unorthodox, fortschrittlich, konservativ* – setzen soziale Sprachnormen. Wortwahl, Redewendungen und Satzbau dienen auch dazu, die Zugehörigkeit zu einer sozialen Gruppe zu demonstrieren. Zwar sind sich die Soziologen nicht einig, wie diese Gruppen genau zu bestimmen sind, Marktforscher arbeiten aber erfolgreich mit Modellen, die sich – wie im ersten Beispiel – seit über zwei Jahrzehnten bewähren konnten.

Die Typologien der Institute sind meist rechtlich geschützt. Schon aus diesem Grund verbietet sich die einfache Kopie. Eine Leseranalyse, die den Autor beim Schreiben unterstützen soll, darf sich ohnehin auf solche Kategorien beschränken, für die Beispiele im Sprachgebrauch offensichtlich sind. Eine dem Markt angepasste eigene Vorarbeit kann die Kenntnis von Profimethoden aus der Marktforschung nicht ersetzen.

Die Sinus-Milieus® der Heidelberger Sinus Sociovison GmbH[14] setzen das Schichtenmodell in Verhältnis zu Grundorientierungen, und Lebensweisen.

- Selbstbewusstes Establishment
- Aufgeklärte Nach-68er
- Junge, unkonventionelle Leistungselite
- Altes deutsches Bildungsbürgertum
- Sicherheit und Ordnung liebende Kriegsgeneration
- Resignierte Wende-Verlierer
- Statusorientierter moderner Mainstream
- Stark materialistisch geprägte Unterschicht
- Extrem individualistische neue Bohème
- Spaß-orientierte moderne Unterschicht

---

14 www.sociovision.com, auch unter www.sinus-milieus.de

Bewegung oder Beharrung? Eher an Werten orientiert oder an Gütern? Das Euro-Socio-Styles-Modell der Gesellschaft für Konsumforschung AG[15] analysiert Konsumenten anhand 17 verschiedener Lebensstile. Jeden Stil ordnen die Nürnberger Forscher in einer Matrix zwischen den vier Extremen ein, dabei unterscheiden sie zwischen eher rationalen (r) und eher emotionalen (e) Typen:

Güter	Streben nach materiellen Werten, konsum- und genussorientiert. Aufbau einer besseren Zukunft, komfortorientiert.
Werte	Geistig orientiert, Streben nach immateriellen Werten, nach puritanischer Enthaltsamkeit und nach dem „tieferen Sinn", stehen nicht unter gesellschaftlichem Zwang.
Bewegung	Modern, aufgeschlossen gegenüber Neuerungen und Abenteuern, modebewusst, beweglich, neugierig, antikonformistisch, individualistisch.
Beharrung	Konservativ, Streben nach Sicherheit und Tradition, Gesetz und Ordnung, familienorientiert, häuslich.[16]

	r/e	Güter	Werte	Bewegung	Beharrung
Abgekoppelte	(eher emotional)	•			•
Heimchen	(eher rational)	•			•
Misstrauische	(eher emotional)	•			•
Romantiker	(eher rational)	•			•
Vorsichtige	(eher emotional)	•			•
Aktive	(eher emotional)	•		•	
Angeber	(eher rational)	•		•	
Karrieremacher	(eher rational)	•		•	
Rocker (2 Arten)	(eher emotional)	•		•	
Die guten Nachbarn	(eher emotional)		•		•
Die Noblen	(eher rational)		•		•
Die Puritaner	(eher rational)		•		•
Gutbürgerliche	(eher emotional)		•		•
Alternative	(eher emotional)		•	•	
Protestler	(eher emotional)		•	•	
Wohltäter	(eher emotional)		•	•	

---

15 www.gfk.de
16 Kastin, Klaus S.: Marktforschung mit einfachen Mitteln. Daten und Informationen beschaffen, auswerten und interpretieren. 2. Aufl., München: dtv, 1999, S. 308.

Textrelevante Behinderung:

Sehbehindert	☐
Kognitive Behinderungen	☐
...	☐

Beispiel: Onlinedokumente, die Sehbehinderte mit Sprachsynthesizer oder Braillezeile lesen, müssen auf Texte in Bildern verzichten.

Zusammenarbeit:

- Erfahrungen des Lesers mit Hersteller, Produkt und/oder Dienstleistung
- Belastbarkeit des Kunden

In Profitexten gefährlich

Schnell kann man Leser kränken. Für jeden Witz, über den einer lacht, findet sich jemand, der gelangweilt oder verärgert reagiert. Professionelle Texte verzichten auf alles, das den Leser kränken könnte. Wenigstens darf es nicht passieren, dass der sprachliche Gag ausgerechnet diejenigen abschreckt, die man ansprechen will. Wer mit Zuspitzungen, Polarisierungen und Sprachwitz arbeitet – Werbetexter –, muss seine Zielgruppe genau kennen, damit es kein Eigentor wird.

- Humor, Witz
- Religion
- Kultur
- Nation, nationale Minoritäten
- Sex, sexuelle Vorlieben
- Politik
- Prominente
- Sport

Frauen und Männer

Fünf Lösungen für eine Schwierigkeit im Deutschen. Die Kundin bestimmt, ob ein Text gut ist oder nicht. Könnte sie die ausschließliche Verwendung der grammatisch männlichen Form ärgern, müssen sich Autoren etwas einfallen lassen.

(1) Einige verwenden beide Formen, beispielsweise *Leserinnen*

und *Leser*. Manchmal ist das der beste und fairste Weg, jedoch: Der Text kann sich dadurch bis zur Unlesbarkeit aufblähen. Aus den *Arbeitnehmervertretern* werden dann die *Arbeitnehmervertreter, Arbeitnehmervertreterinnen, Arbeitnehmerinnenvertreter und Arbeitnehmerinnenvertreterinnen.*

(2) Andere nutzen eine Form des Verbs *lesen*, das Partizip 1: *die Lesenden.* Damit sind Frauen und Männer gemeint. Eine recht langweilige Lösung, die sich nur zur sparsamen Nutzung empfiehlt.

(3) Auch die weibliche Endung „-innen" löst die Aufgabe, wenn Textumfang und -inhalt nicht dazu zwingen, sie häufig anzuwenden.

(4) Das große „I" bevorzugen wieder andere, die dabei aber einen Rechtschreibfehler machen: *LeserInnen.*

(5) Eine andere Lösung (für umfangreichere Texte, etwa dieses Buch) ist es, die Leserinnen direkt anzusprechen und um Verständnis zu bitten: In diesem Text verwenden wir die männliche Form in einem neutralen Sinn. Gemeint sind immer Frauen und Männer. Auf „-Innen" oder „/-innen" verzichten wir, um den Text leichter lesbar zu halten. Wir bitten die Leserinnen um Verständnis für diese Vereinfachung im Text.

2. Wie man sich gut versteht

Die Leseranalyse hilft, Texte zu schreiben, die ihr Ziel erreichen. Sie reicht aber nicht aus, denn niemand kann in die Leser hineinsehen. Ob diese wirklich verstehen, erfährt man bestenfalls hinterher. Mehr als eine begründete Vermutung stellt diese Methode nicht zur Verfügung.

Was liegt näher, als nach Wegen zu suchen, die ganz allgemein beim Schreiben verständlicher Texte helfen? Tatsächlich stellen Forscher und Softwarehäuser mittlerweile einige Instrumente bereit, die Autoren bei der Arbeit nutzen können.

2.1 Ausgezählt

Wortreiche Sätze, lange Wörter, Fremdwörter scheinen Merkmale unverständlicher Texte zu sein.

»Unter Texten werden Ergebnisse sprachlicher Tätigkeit sozial handelnder Menschen verstanden, durch die in Abhängigkeit von der kognitiven Bewertung der Handlungsbeteiligten wie auch des Handlungskontextes vom Textproduzenten Wissen unterschiedlicher Art aktualisiert wurde, das sich in Texten in spezifischer Weise manifestiert und deren mehrdimensionale Struktur konstituiert. Die Struktur eines Textes indiziert zugleich die Funktion, die einem Text von einem Produzenten in einem bestimmten Interaktionskontext zugeschrieben wurde und stellt die Basis für einen komplizierten Interpretationsprozess des Textrezipienten dar.[1]«

Diesen Text aus der Sprachwissenschaft verstehen nur wenige Leser auf Anhieb. Er ist inhaltlich nicht falsch, verdichtet aber zu viele Gedanken in zwei Sätzen. So entsteht eine Zumutung für jeden Leser, der diese Art des Sprachgebrauchs nicht geübt hat. Ganz anders das zweite Beispiel:

---

1 Heinemann, Wolfgang; Viehweger, Dieter: Textlinguistik. Eine Einführung. Tübingen: Niemeyer, 1991, S. 126.

»Ich verstand mich nie gut mit meinem Vater. Weder akzeptierte er meine Faszination für das Weltall, noch förderte er mein Interesse an den Wissenschaften. Vater wollte aus mir einen Winzer machen; er wollte, dass ich zu Hause blieb, dass ich mich ihm und meinem Bruder im Familienbetrieb anschloss. Aber es war einfach so, dass ich nie die Absicht hegte, den Erwartungen meines Vaters gerecht zu werden. Meine Vorstellungen gingen in eine andere Richtung.[2]«

Raumschiff Enterprise, Nachrichten aus einer unbekannten Welt, Sciencefiction als Managementlehre kaschiert, dennoch verständlich auch für den, der sich weder mit dem einen noch dem anderen beschäftigt.

Warum ist der zweite Text verständlicher als der erste? Zum einen des Inhalts wegen, könnte man meinen. Söhne halten sich eben nicht immer an die Pläne der Väter. Der erste Text scheint hingegen über eine Welt zu reden, die den meisten Lesern fremd ist. Das aber ist ein Irrtum, denn man könnte ihn auch so umschreiben, dass ihn ein zehnjähriges Kind versteht.[3] Geheimnisse enthält er nicht.

Wenn es nicht der Inhalt ist, muss es an der Form liegen. Der einfachste Weg scheint das bloße Auszählen sichtbarer Merkmale:

	Text 1	Text 2
Sätze	2	5
Wörter	75	73
Silben	177	127
Satzlänge = Wörter : Sätze	37,5	14,6
Wortlänge = Silben : Wörter	2,36	1,73

2 Roberts, Wess; Ross, Bill: Picards Prinzip. Management by Trek. München: Heyne, 1996, S. 22.
3 Eine dem komplizierten Text sehr nahe Übersetzung: Was ist ein Text? Menschen benutzen die Sprache, um sich miteinander zu verständigen. Einer sagt oder schreibt etwas, der andere hört oder liest. Wie man spricht, schreibt, hört und liest, hängt nicht nur vom Wissen ab, sondern auch von der Stimmung und der Situation, in der man sich befindet. Deswegen stecken in vielen Texten auch mehr Informationen, als man auf den ersten Blick bemerkt.
Wer einen Text produziert, denkt auch an seinen Hörer oder Leser. Dieser hat eine Idee davon, welchen Zweck der Autor verfolgt. Manchmal klappt es und beide stimmen überein, in anderen Fällen geht es schief.

Beide enthalten etwa gleichviel Wörter, der Unterschied liegt in der Anzahl der Sätze und der Silben. Im ersten Text sind die Sätze fast dreimal so lang wie im zweiten, auch die Wörter sind länger.

Eine einfache Berechnung der durchschnittlichen Wort- und Satzlänge, die sich mit ähnlichem Ergebnis oft anwenden lässt: Kürzere Wörter und kürzere Sätze zeichnen Texte aus, die Leser als verständlicher empfinden.

Was lag näher als die Suche nach einer Formel, die Auskunft über die Verständlichkeit gibt. Seit über 50 Jahren entwickeln Forscher solche Berechnungsmethoden, von denen einige angeblich sogar sagen, welchen Schulabschluss der Leser haben muss, um den Text verstehen zu können.

Die bekannteste Formel ist der Reading Ease (RE) nach Robert Flesch:

$$RE = 206{,}835 - 0{,}864 \cdot wl - 1{,}015 \cdot sl$$
wl (Wortlänge) = Zahl der Silben in 100 Wörtern
sl (durchschnittliche Satzlänge) = Anzahl Wörter : Anzahl Sätze

Analysiert man einen englischen Text mit Hilfe dieser Formel, ergibt sich ein Wert zwischen 0 (völlig unverständlich) und 100 (außerordentlich verständlich).

Mit der Formel erfährt man jedoch bestenfalls etwas über die **Lesbarkeit,** nichts über die Verständlichkeit. Auch Forscher, die auf solche Methoden schwören, räumen ein, dass Formeln mehr nicht leisten können. Denn die Rechnung orientiert sich am Satz, nicht am Text. Würde man die Sätze im zweiten Beispiel durcheinander würfeln, entstünde ein konfuser Text mit dem gleichen Index nach Flesch.

Immerhin nutzen viele Autoren und Institutionen in den USA Lesbarkeitsformeln als Qualitätskriterium. Viele Formeln konkurrieren miteinander. Wer Produkte mit technischen Anleitungen und Handbüchern zu einem US-Partner exportiert, sollte sich vorher erkundigen, ob dieser Kunde solche Kriterien anlegt. Das kann teure Nacharbeiten ersparen.

Berechnungsmethoden haben den unschätzbaren Vorteil, dass man sie in Software integrieren kann. So erhalten Autoren schon während des Schreibens Auskunft, ob die Sätze zu kompliziert sind.

Das Programm Microsoft® Word 97 berechnet für den ersten Text einen Reading Ease von 0 und gibt insgesamt ein vernichtendes Urteil ab:

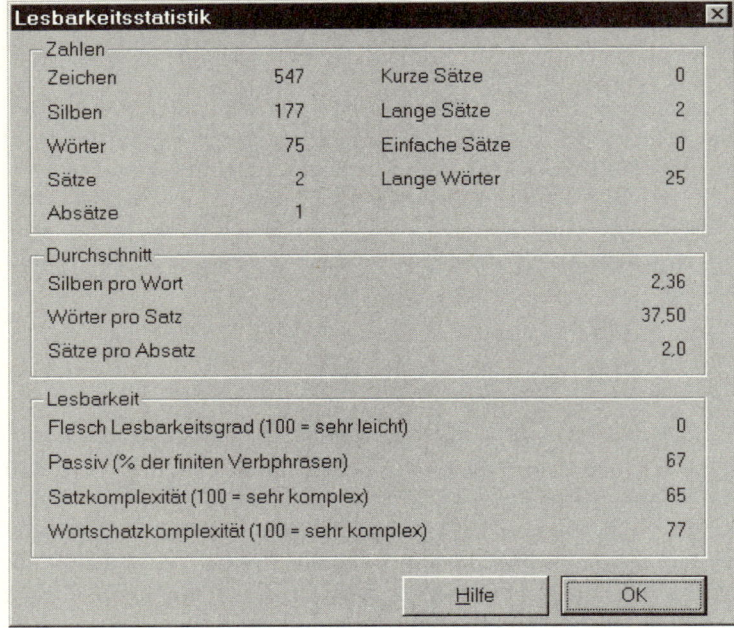

Lesbarkeitsstatistik			☒
Zahlen			
Zeichen	547	Kurze Sätze	0
Silben	177	Lange Sätze	2
Wörter	75	Einfache Sätze	0
Sätze	2	Lange Wörter	25
Absätze	1		
Durchschnitt			
Silben pro Wort			2,36
Wörter pro Satz			37,50
Sätze pro Absatz			2,0
Lesbarkeit			
Flesch Lesbarkeitsgrad (100 = sehr leicht)			0
Passiv (% der finiten Verbphrasen)			67
Satzkomplexität (100 = sehr komplex)			65
Wortschatzkomplexität (100 = sehr komplex)			77

Hilfe   OK

Auch für das Deutsche bietet der Markt speziell für Autoren entwickelte Programme an, die ähnliche Berechnungen durchführen. Die Leistungsfähigkeit des Formelwerks ist umstritten, weil sich die Grammatik der deutschen Sprache erheblich von der des Englischen unterscheidet. Wir können durchaus lange Sätze bilden, die gut lesbar und verständlich sind. Auch auf die Wortlänge ist nicht immer Verlass: Quark ist nicht nur Weißkäse oder Unsinn, den einer redet. In der Physik ist es auch ein Elementarteilchen, von anderer Verständlichkeit als Molkereiprodukte.

Sprachwissenschaftler und Pädagogen diskutieren mehrere Formeln, die im Deutschen angewandt werden können: eine deutsche

Variante der Flesch-Formel, die Wiener Sachtextformel[4] und andere.

Entscheidet sich eine Softwarefirma, in einem Textverarbeitungsprogramm, Redaktionssystem oder ähnlichem Produkt die Verständlichkeit des Geschriebenen berechnen zu lassen, müsste sie angeben können, nach welchem Verfahren das System zu seinem Urteil gelangt.

> Will der Hersteller eines Programms, das die Textverständlichkeit berechnet, die Rechenwege nicht offen legen, ist Vorsicht angebracht.

Berechnungen bieten manchmal einen guten Dienst, wenn Texte unterschiedlicher Herkunft miteinander verglichen werden müssen. Schreiben mehrere in einem Team, kann die Forderung, dass man einen vorgegebenen Wert einhalten solle, das Ergebnis verbessern. Wenigstens kann Zeit und Geld für die Arbeit der Schlussredaktion gespart werden.

Doch auch die in der Wissenschaft diskutierten Formeln sind längst nicht allgemein anerkannt. Zwar mag das Zahlenwerk manchmal ein nützliches Indiz geben, ein verlässliches Werkzeug bietet die Formelwelt nicht.

Profitexter benötigen keine Rechenmaschinen, um brauchbare Texte zu schreiben. Manche nutzen sie dennoch, wenn sie etwas in Englisch formulieren. Gerade der Flesch Reading Ease ist dann ein guter Ersatz für fehlendes Sprachgefühl.

2.2 Das Hamburger Modell

Ende der sechziger Jahre hatten drei Hamburger Psychologieprofessoren[5] genug von unverständlichen Texten. Mit Tests und in Veranstaltungen entwickelten sie einen Ansatz, verständlich zu schreiben und die Verständlichkeit von Geschriebenem zu bewerten: Das Hamburger Verständlichkeitsmodell. Vor über 30 Jahren ent-

---

4 Kapitel 2.3, Praxisteil.
5 Langer, Inghard; Schulz von Thun, Friedemann; Tausch, Reinhard: Sich verständlich ausdrücken.

wickelt, ist es noch immer konkurrenzlos. Die Ausbildung professioneller Autoren, Texter und Redakteure unterrichtet oft dieses Konzept als einen ersten Zugang zu verständlichem Schreiben. Die Drei wenden sich gegen die Fliegenbeinzählerei:

„Wir glauben nicht, dass das Zählen irgendwelcher Eigenschaften von Wörtern oder Sätzen eine günstige Methode ist. Wir plädieren für die Schätzmethode, für das Beurteilen von Eindrücken... Wir denken, Verständlichkeit ist – ebenso wie Turnier-Tanzen, Turnen, Eiskunstlaufen – etwas sehr Komplexes, d. h. viele einzelne Gesichtspunkte spielen eine Rolle und müssen in der richtigen Weise zusammenwirken. Ob und in welchem Ausmaß sie dies in einem konkreten Fall tatsächlich tun – das festzustellen gelingt immer noch am besten dem Gehirn eines geschulten Beobachters. Deswegen gibt es in der Verständlichkeitsforschung nichts Besseres als die Erhebung von Schätzurteilen."[6]

Nach dem Hamburger Modell zeichnen einen verständlichen Text vier Eigenschaften aus:
(1) Er ist einfach geschrieben,
(2) gut gegliedert,
(3) kurz, aber nicht zu kurz, und er
(4) regt zum Lesen an.

Kein Rechnen, sondern die fachkundige Bewertung durch Juroren, die in einem Training für diese Aufgabe vorbereitet werden. Ihr Urteil tragen sie in ein Bewertungsfenster ein:

Einfachheit	Gliederung-Ordnung
Kürze-Prägnanz	Anregende Zusätze

Einfach

Keine Bandwurmsätze, die man mühsam entschlüsseln muss, einfache und gut strukturierte Sätze machen einen Text verständlich. Die Wörter müssen bekannt sein, keine Fremdwörter oder Fach-

---

6 Langer u. a., S. 136 f.

ausdrücke, die schwer oder gar nicht zu verstehen sind. Nach diesem Modell würde Text 1 eine glatte Fünf für Einfachheit erhalten. Diese Sätze verdienen keine bessere Zensur.

Als Bewertungssystem verwenden die drei Hamburger keine Schulnoten, sondern sie nutzen eine Skala von ++ bis – –:

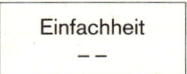

Der erste Text wäre schon beim Eintrag über die Einfachheit durchgefallen:

Einfachheit
– –

Gliederung

Hat der Text eine deutlich erkennbare Struktur? Wie die richtige Gliederung aussehen muss, hängt von der Art des Textes ab. Das Angebot an einen Kunden muss anders strukturiert sein als eine Pressemitteilung, eine Gebrauchsanleitung oder ein Produktkatalog. Jeder Dokumenttyp lässt einen für ihn typischen Aufbau erwarten.

Obgleich die Gerüstformen unterschiedlich sind, müssen sie logisch strukturiert sein, jede Information gehört an ihren Platz. Nichts anderes meint man, wenn man sagt, ein roter Faden sei zu erkennen.

Überschriften, Absätze, Textmarkierungen und andere Gestaltungselemente unterstützen im gut gegliederten Text den inneren Aufbau. Der Leser erkennt sofort, worauf es ankommt und muss nicht unnötig vor- und zurückblättern.

Kürze – Prägnanz

So kurz wie möglich und so ausführlich wie nötig. Beides in der Waage zu halten ist nicht einfach, ein Beispiel aus der Zeitschrift Brigitte:

»Material: 350 g olivmelierte Nr. 212 Wolle von Rowan Yarns (über Textil-
werkstatt), Qualität „Light Tweed" (Lauflänge 100 m/25 g) und eine lange
Rundstricknadel Nr. 4.

Grundmuster: s. Schemazeichnung. Sie zeigt nur die Hinreihen. In den
Rückreihen alle M. und Umschl. li. stricken.

Maschenprobe: 23 M. in der Breite und 30 R. in der Höhe ergeben
10 cm im Quadrat.

Anleitung: Das fertige Tuch ist ca. 110 × 110 cm groß. Dafür 243 M. an-
schlagen und in Hin- und Rückr. zunächst für den Rand 2 cm kraus re.
(Hinr. re., Rückr. re.) stricken. Weiter beidseitig die äußeren 6 M. kraus
re. arbeiten. Alle übrigen M. im Grundmuster stricken, d. h. man arbeitet
in den Hinr. die ersten 11 M., anschließend 19-mal den Rapport, dann die
letzten 11 M. nach der Schemazeichnung. In der Höhe die 1.–12. R. 26-
mal stricken. Noch 2 cm kraus re. über die gesamte Breite arbeiten, die
M. abketten.«

Neben dem Text steht eine Zeichnung, die für jeden, der stricken
kann, keine Frage offen lässt. In Tests war die übliche Antwort dieser Teilnehmer: „Das ist so in Ordnung, mehr braucht man nicht. Ich
sehe das fertige Tuch in Gedanken vor mir." Sie bewerten das Beispiel mit einem Plus als kurz, aber nicht zu kurz.

Wer solche Anleitungen nicht gewohnt ist, vergibt meist ++. Alles
ist zu knapp, nicht ausführlich genug, unverständlich. Zwei Plus-
zeichen sind also nicht für alle Kriterien die Bestbewertung. Bezüglich der Kürze sind diejenigen Texte am leichtesten zu verstehen, die
+ oder 0 erhalten.

Oft sind unverständliche Texte aber viel zu lang, enthalten Unwe-
sentliches, lenken den Leser auf Nebenpfade und verschwenden
dessen Zeit.

Anregende Zusätze

Je dröger das Thema, desto wertvoller sind Anreize, die Lust am
Lesen wecken. Kann man nicht mal eine Frage stellen? Fragen brechen die Monotonie auf, beteiligen den Leser. Abbildungen, über-
legte Brüche des Satzspiegels reißen die Bleiwüste auf, schaffen Ori-
entierungsmarken.

Es muss nicht gleich ein Comic sein. Ähnlich der Kürze als Hamburger Kriterium sind auch die Zusätze zu bewerten. Ein bisschen
sollte es sein, zu viel stört.

Der optimale Text

Die beste Bewertung erhält ein Text, der einfach geschrieben ist. Er ist klar gegliedert und kurz, aber nicht zu kurz. Wenn die Kürze es gestattet, enthält er einige anregende Zusätze. In der Schreibweise des Hamburger Konzepts:

Einfachheit + +	Gliederung-Ordnung + +
+ oder 0 Kürze-Prägnanz	+ oder 0 Anregende Zusätze

Manchmal die Lösung

Seit über dreißig Jahren ist dieser Ansatz durch keine andere Überlegung entwertet worden. Er hat seine Grenzen und ist kein Allheilmittel. Zumindest in zwei Bereichen ist er eine wertvolle Hilfe und manchmal unverzichtbar: in der Ausbildung und als Argumentationshilfe

Berufliche Weiterbildung, Training, Studium

Tests führen zu erstaunlichen Resultaten: Wenn eine Gruppe die Grundlagen der Hamburger erarbeitet hat, bewerten die Teilnehmer Texte zwar nicht gleich, doch verblüffend ähnlich. Mit anderen Worten: Sie stimmen sehr schnell in ihrem Urteil überein, ob ein Text verständlich ist oder nicht. Auch sehr heterogene Gruppen können mit den Hamburger Kriterien zügig zu einem Konsens kommen, woran das Geschriebene krankt und was zu verändern ist, damit sich das Ergebnis verbessert.

> Wer in der Ausbildung steht und später mit dem Schreiben seinen Lebensunterhalt verdienen will, sollte das Hamburger Modell intensiv studieren und möglichst mit anderen die Technik üben.

Argumentationshilfe

Eine Broschüre kommt beim Kunden nicht richtig an. Man will den Text vielleicht neu schreiben lassen und bittet zwei oder drei Dienstleister um eine Analyse des vorhandenen Dokuments und ein

Angebot. Liegt es an der mangelnden Verständlichkeit, unterstützt eine Untersuchung nach dem Hamburger Verständlichkeitsmodell die eigene Argumentation.

Es mag ein Trick sein, eine Hilfe, die Sprachlosigkeit überwindet. Wie sollte man einem Auftraggeber verdeutlichen, dass ein Text, den er vielleicht selbst geschrieben hat oder für den er die Verantwortung trägt, nichts taugt? Ein „neutrales" Urteil von außen sagt, was man nicht verschweigen darf, ohne dass die Verfasser gekränkt sind.

Wer liest unter welchen Bedingungen?

Einige Berechnungsmethoden versuchen, die Leser zu berücksichtigen, beispielsweise das Lesealter in die Formel zu integrieren. Allen Verständlichkeitstheorien dieser Art gemein ist aber, dass die Lesenden zu wenig darin vorkommen. Wenn man nicht weiß, wer liest, ist ein Text schwer zu beurteilen.

Auch die Randbedingungen spielen eine Rolle. Papierene Dokumente unter Stress in einer Werkhalle, in Ruhe am Schreibtisch oder im Sessel? Text am Computer, im Buch oder im Vierfarbsatz? Overheadfolie oder Brief des Finanzamtes?

Gäbe es eine Methode, die für alle Bereiche anwendbar wäre, könnte man leicht ein Urteil über die Qualität eines Textes fällen. Der Wunsch über eine solche Technik zu verfügen ist einsichtig. Doch mehr als gelegentlich nützliche Hilfsmittel sollte niemand von diesen Formalismen erwarten. Profis sehen auf einen Blick, ob das Geschriebene etwas taugt oder nicht. Dabei helfen Talent, Intuition, Können und Übung – das Sprachgefühl. Mit etwas Wissen und Training lässt sich dieses Gespür entwickeln.

2.3 Praxisteil

Bei aller Kritik an Lesbarkeitsformeln, manchmal sind Zahlen hilfreich. Muss man Texte miteinander vergleichen, für ein Angebot oder andere Zwecke, kann es sinnvoll sein, einen Lesbarkeitswert mit der Hilfe einer Formel zu errechnen. Um die Formel auszuprobieren und dann auch anzuwenden, braucht man etwas Zeit. Hilfestellung bieten Textverarbeitungsprogramme, die Berechnungen automatisch durchführen.

> Leser, die es eilig haben und die Rechnerei nicht besonders schätzen, überblättern den Flesch Reading Ease und die Wiener Sachtextformel.

Flesch Reading Ease für das Deutsche

Die im Text behandelte Verständlichkeitsformel nach Flesch muss für das Deutsche etwas verändert werden. Eine plausible Überarbeitung stammt von dem Schweizer Toni Amstad:[7]

RE = 180 – sl – 58,5 wl
wl = Anzahl der Silben pro Wort für mindestens 100 Wörter
sl = durchschnittliche Anzahl der Wörter pro Satz

Diese Formel ergibt für die beiden Beispiele dieses Kapitels:

Text 1 = 3,9   (Beispiel aus der Sprachwissenschaft)
Text 2 = 64,2   (Winzer, Raumschiff Enterprise)

Die Ergebnisse liegen etwa zwischen 0 und 100. Je höher das Resultat ist, desto lesbarer ist der Text. Bei einer durchschnittlichen Satzlänge von 15 Wörtern und 1,8 Silben pro Wort, eine für das Deutsche typische Länge, erhält man einen Wert von 59,7.

Wiener Sachtextformel

S   = 0,1935 MS + 0,1672 SL + 0,1297 IW – 0,0327 ES – 0,875
MS = Prozentsatz der drei- und mehrsilbigen Wörter
SL = durchschnittliche Satzlänge in Wörtern
IW = Prozentsatz Wörter mit mehr als sechs Buchstaben
ES = Prozentsatz der Einsilber
S   = Schulstufen von
     4 (sehr leichter Text) bis 15 (sehr schwieriger Text)

Diese Formeln wurden in der Arbeit an Literatur und Unterrichtsmaterial für Schulen gewonnen.[8]

---

7 Amstad, Toni: Wie verständlich sind unsere Zeitungen? Dissertation, Uni Zürich, 1978, S. 80.
8 Bamberger, Richard; Vanecek, Erich: Lesen-Verstehen-Lernen-Schreiben. Die Schwierigkeiten von Texten in deutscher Sprache. Frankfurt am Main: Diesterweg, 1984, S. 83. Dieses Buch berichtet umfassend über Lesbarkeitsformeln für das Deutsche.

Für die Beispieltexte:

Text 1 = 17 (äußerst schwierig zu lesen)
Text 2 = 6,3 (gut lesbar)

Ein Ergebnis, das dem Resultat aus der Flesch-Formel ähnelt.

Das Hamburger Verständlichkeitsmodell

Dieses Modell[9] eignet sich, um fremde und eigene Texte auf ihre Verständlichkeit zu überprüfen.

Einfachheit:

- einfache Darstellung
- kurze, einfache Sätze
- geläufige Wörter
- Fachwörter erklärt
- konkret
- anschaulich

Gliederung:

- gegliedert
- folgerichtig
- übersichtlich
- gute Unterscheidung von Wesentlichem und Unwesentlichem
- der rote Faden bleibt sichtbar
- alles kommt schön der Reihe nach

Kürze – Prägnanz: Texte dürfen weder zu kurz noch zu langatmig sein. Der beste Wert liegt in der Mitte zwischen beiden Extremen, mit Tendenz zur Kürze.

zu kurz	⇔	zu lang
aufs Wesentliche beschränkt	⇔	viel Unwesentliches
gedrängt	⇔	breit
aufs Ziel konzentriert	⇔	abschweifend
knapp	⇔	ausführlich
jedes Wort ist notwendig	⇔	vieles hätte man weglassen können

---

9 Nach Langer und andere, S. 16 ff.

Anregende Zusätze: Bietet der Text Anreiz zum Lesen, Fragen, Illustrationen oder anderes? Wie bei den Eigenschaften Kürze und Prägnanz kann man auch zu viel des Guten tun. Zu viele Anregungen lenken ab.

anregend	⇔	nüchtern
interessant	⇔	farblos
abwechslungsreich	⇔	gleich bleibend neutral
persönlich	⇔	unpersönlich

Der optimale Text nach dem Hamburger Modell

Einfachheit	Gliederung-Ordnung
+ +	+ +
+ oder 0	+ oder 0
Kürze-Prägnanz	Anregende Zusätze

3. Wörter und Sätze am Rande der Verständlichkeit

Alle Anstrengungen sind vergebens, wenn die Leser etwas nicht verstehen. Dabei geht es um legitime Leser, die ein Text erreichen soll, nicht um zufällige oder unbeabsichtigte.

Wo sind die sprachlichen Hürden? Zunächst: Es gibt keinen Schwerpunkt, keine Hierarchie der Fehler, die einem beim Schreiben unterlaufen können. Sowohl bei der Wahl der Wörter als auch in den Satzkonstruktionen schleichen sich Nachlässigkeiten ein, die das Verständnis erschweren. Zwar sind es oft nur harmlose Irritationen, wer aber mit den Sprachinstrumenten vorsichtig umgeht, vermeidet die kleine Erschütterung wie den großen Ärger.

3.1 Abstrakt oder konkret?

Früher glaubte man, es sei einfach nur schlechter Stil, wenn ein Text voller langweiliger abstrakter Begriffe ist. Heute ist das nicht mehr sicher. Einiges spricht dafür, dass konkrete Substantive – Blume, Berg, Boot – anders im Langzeitgedächtnis gespeichert sind als abstrakte Wörter: Theokratie, Totalitarismus, Tendenz, Trübsinn.

Neurophysiologische Untersuchungen zeigen, dass konkrete Wörter weit mehr Aktivität im Gehirn auslösen als abstrakte.[1] Eigentlich ein Ergebnis, das man so erwarten konnte. Das konkrete Wort steht in Beziehung zu Erlebnissen, Gegenständen, positiven und negativen Erfahrungen. Beim Lesen löst es ein kleines Gewitter aus, weit entfernte Gegenden des Gehirns kommunizieren miteinander.

Nicht so bei Abstrakta, die nur einen kurzen Pfad aufleuchten lassen. Sie aktivieren den einsamen Speicherplatz einer Definition mit

---

1 Müller, Horst M.; Weiss, Sabine; Rickheit, Gert: Experimentelle Neurolinguistik. In: Bielefelder Linguistik (Hrsg.). Linguistik: Die Bielefelder Sicht. Bielefeld: Aisthesis-Verlag, 1997, S. 125–128.

nur wenigen Verknüpfungen. *Die Kapazität ist erschöpft.* Das löst nicht viel beim Leser aus. Besser wäre:

> »Morgens ist bei uns schon die Hölle los. Die Kollegen arbeiten zehn Stunden am Tag, einige kommen auch samstags. Deswegen können wir jetzt keinen neuen Auftrag annehmen.«

Wenn es möglich ist, benutzen Sie konkrete Wörter, schildern Sie Situationen, die Leser so oder ähnlich selbst erlebt haben. Das verstehen sie besser als abstrakte Begriffe.

3.2 Komposita

Eine Eigenschaft der deutschen Sprache, die für viele zur Stolperfalle wird: Wir setzen Wörter zusammen und bilden so ein neues, ein Kompositum. Aus *stolpern* und *Falle* wird die *Stolperfalle.* Wer das Deutsche erlernt, muss diese Methode der Neubildung begreifen. Für nur zwei bis drei Wörter ist das keine Herausforderung: *Kaffeemaschine, Festplatte* und *Plastiktragetasche* stehen sogar im Duden.

Doch diese Technik setzen einige Autoren allzu kreativ ein, auch deutsche Muttersprachler kommen da nicht mehr mit. *Festplattencontrollerkabel* oder *Zwischenspeicherungsdatenrate* gehören zu den Wörtern, die Geschriebenes schnell unlesbar und schwer verständlich machen. Wolf Schneider nennt solche Konstruktionen Silbenschleppzüge. Wer will, kann noch etwas anhängen, der Text wird nicht falsch: *Festplattencontrollerkabelanschluss* und selbstverständlich die *Festplattencontrollerkabelanschlussklemme.* Das ist rücksichtslos, der Leser muss es ausbaden und wird am Ende nicht einmal verstehen, worauf es ankommt.

Vermeiden Sie Silbenschleppzüge.

3.3 Abwechslung kann Ärger bringen

Variatio delectat oder Abwechslung erfreut. Dieser uralten Regel folgt jeder, der attraktiv schreiben will. Schon in der Schule bringt man den Kindern bei, dass sie nicht immer das gleiche Wort für den gleichen Gegenstand benutzen. So lernen sie, *PKW, Fahrzeug, Kraftfahrzeug, Auto, fahrbarer Untersatz, Limousine* und anderes in Schulaufsätzen abwechselnd für den gleichen Gegenstand zu verwenden.

Das A und O kreativen Schreibens. Aber: Bei einigen Texten gilt das nicht. Für produktbegleitende Literatur und sicherheitsrelevante Dokumente könnte jeder Sachverständige im Falle eines Schadens unprofessionelle Arbeitsweise nachweisen, wenn sich die Verantwortlichen an die alte Regel gehalten haben. Abwechslung, die sonst als Voraussetzung für Qualität gilt, ist ein K. o.-Kriterium für Anwenderliteratur, Sicherheitshinweise und Anleitungen. Mancher Leser wird unterschiedliche Wörter als Bezeichnung unterschiedlicher Gegenstände missverstehen.

> Für sicherheitsrelevante Dokumente gilt die Regel: Gleicher Gegenstand, gleicher Sachverhalt, gleiches Wort!

Also immer *Display* oder immer *Anzeige,* niemals beides. Besonders attraktive Dokumente entstehen so nicht. Dafür steigen die Chancen, dass in einem Rechtsstreit nicht die Wortwahl zum Fallstrick wird.

3.4 Erfolg ja, erfolgen nein

Manchmal beißen Hunde Briefträger. So weit, so schlecht. Der Satz ist jedenfalls verständlich. Wahrscheinlich kommt niemand auf die Idee, eine Alternative etwa so zu formulieren: *Das Beißen der Briefträger erfolgt durch Hunde.*

Der Weg von der brauchbaren Formulierung zum Sprachunfug geht folgendermaßen: Man nimmt das Verb *beißen* und macht daraus ein Substantiv *das Beißen.* Diese Umwandlung ist eine **Nominalisierung.** Jetzt muss ein neues Verb her, die geeignetsten Kandidaten sind *erfolgen, geschehen, sich ereignen, passieren.* Bleibt man in der Tierwelt, ist das Ausmaß des Unsinns sofort einsichtig:

> »Das Geben der Milch passiert durch Kühe, und das Legen der Eier geschieht durch Hühner.«

Nominalisierungen verwischen die Aktion, rücken Handlungen in den Hintergrund. Sie tragen dazu bei, dass ein Text schwerer zu verstehen ist. Verben bringen dagegen Leben in den Text, tragen zum Verständnis bei. Also nicht: *Der Versand der Ware erfolgt am Tag der Bestellung*, sondern:

»Sie bestellen, wir packen alles ein und bringen es am gleichen Tag zur Post.«

Ein anderes Anzeichen für vergleichbare Fehlkonstruktion ist ein Substantiv, das auf *-ung* endet. *Sie bestellen* zeigt noch Aktion, Leben und Handlung. Echtes Bürokratendeutsch kann daraus auch ein lebloses *auf Ihre Bestellung* machen. Wieder eine Nominalisierung, ein entpersonalisiertes Passieren, wo man eigentlich über Handlungen reden will. Wenn Aktionen verloren gehen, büßt der Text an Verständlichkeit ein.

> Vermeiden Sie Nominalisierungen. Benutzen Sie aktive Verben, die anschaulich zeigen, wer etwas macht und was geschieht.

3.5 Fremdwörter

Seit Jahrhunderten haben sich Leser über unverständliche – weil fremde – Wörter geärgert. Mancher Autor protzt mit seinen Kenntnissen, zeigt sich gebildet oder modern, manchmal auch beides. Vor allem englische Wörter purzeln durch Texte, die Menschen nerven und ärgern. Oder gibt es irgendeinen vernünftigen Grund, dass ein Bäcker an seine Schaufensterscheibe die Frage schreibt: *Do you like crispy Brötchen?* Hat es einen Sinn, dass Manager über *Knowledge pieces* schwadronieren und zum *Debriefing* einladen? Sprachliche Unsicherheit und der Wunsch nach Zugehörigkeit zu einer modernen und englischsprachigen Welt lässt sie diesen Unsinn produzieren.

Wer in einem multinationalen Unternehmen arbeitet, kann schnell den sprachlichen Überblick verlieren. Telefonate und Gespräche mit Kollegen im Ausland, betriebsinterne Anweisungen, Dokumente und Software: alles in Englisch. Die Welt rückt ein bisschen enger zusammen und hat sich stillschweigend auf die Nutzung einer Sprache geeinigt. Englisch ist die Verkehrssprache des Westens und der EDV, die überall am Arbeitsplatz präsent ist.

> So wichtig ordentliches Englisch im internationalen Verkehr ist, so unverzichtbar ist auch ein korrekter Gebrauch des Deutschen in der nationalen Kommunikation. Wirkliche Mehrsprachigkeit zeichnet sich gerade nicht dadurch aus, dass man Wörter aus einer Sprache in Sätze der anderen einfügt.

Fremde Wörter in richtiger Dosierung

Sprachen leben. Sie nehmen einige Wörter von ihren Nachbarn an und geben andere ab – so auch das Deutsche. Viele Wörter legen weite Wanderungen zurück, ehe sie bei uns eintreffen und hier heimisch werden.

Ein Beispiel: Die Römer haben das altgriechische ἀήϱ (aer: Luft, Nebel, Gewölk, Dunkel) in ihre Sprache übernommen und es angepasst: *aer, aeris.* Vom Lateinischen hat es seinen Weg in das Englische gefunden: *air.* Zusammen mit *condition,* das ebenfalls lateinischen Ursprungs ist (*condicere, condicio*) ist das Fremdwort für die Klimaanlage bei uns eingetroffen: *Air-condition.* Die neue Rechtschreibung lässt es uns auch als ein Wort schreiben: *Aircondition.*

Heimisch ist *Aircondition* in Deutschland seit 1961.[2] Doch heute zählt es zu den Wörtern, die der 1997 gegründete Verein Deutsche Sprache (VDS) als nicht akzeptabel bewertet, weil die englische Fügung ein deutsches Wort bedroht.[3] *Klimaanlage* enthält zwar das lateinische *clima,* wirkt aber eindeutig heimischer als die *Aircondition.*

Schon zu früheren Zeiten waren Sprachpfleger aktiv und schlugen Ersatz für Fremdwörter vor. Einige Vorschläge konnten sich nicht durchsetzen: Wir sagen heute noch immer *Vierzylindermotor*

---

2 Pflug, Günther: Renovatio linguae Latinae. Die Wiederbelebung des Lateinischen in unserer Sprache durch das Englische. Der Sprachdienst 6 (2001), S. 217–224.
3 VDS Anglizismenliste, S. 12. Erhältlich über die Internetadresse: www.vds-ev.de/

statt *Viertopfzerknalltreibling, Mumie* statt *Dörrleiche, theatralisch* statt *bretterhaft* und *Pistole* anstelle von *Meuchelpuffer*. Andere haben wir übernommen, der *Bürgersteig* ersetzt das *Trottoir* und die *Fahrkarte* für *Billet*. Bei manchen Wörtern ist uns kaum bewusst, dass sie Schöpfungen sprachpflegerischer Bemühungen sind: *Vertrag, Vollmacht, Zeitschrift, Doppelpunkt, Fragezeichen*.[4] Nicht jede Eindeutschung ist ein ästhetischer Gewinn. Sicher war der *Aeroplan* irgendein Zeug, das flog. War das wirklich ein hinreichender Grund, ihn *Flugzeug* zu nennen?

Vier Gründe zu Verzicht und Vorsicht

Der Leser muss verstehen können, und der Text soll sein Ziel erreichen. Dem hat sich der Wortgebrauch unterzuordnen.

(1) Fremdwörter versteht man unter Umständen falsch oder überhaupt nicht. In produktbegleitender Literatur kann das zu Fehlhandlungen führen und Kosten verursachen. Auch werbliche Texte können am Ziel vorbei gehen, wenn die Wortwahl den Leser abstößt.

(2) Leichtfertiger Umgang mit Fremdwörtern – besonders mit Anglizismen – kann Leser verstimmen. Eher ärgern sich Kritiker der Anglizismen über englische Wörter, als andere, die so ein Thema nicht aufregt, solche Wörter vermissen: Der Verzicht auf das Fremdwort kann eine kundenfreundliche Lösung sein.

(3) Profitexter sind keine Sprachreiniger. Niemand weist ihnen diese Aufgabe zu, sie werden dafür auch nicht bezahlt. Man darf aber von ihnen erwarten, dass sie mit der Sprache pfleglich umgehen, nicht jeden Unsinn übernehmen und nicht vorauseilend gehorsam eigenen Sprachunsinn erfinden.

(4) Der Gebrauch von Fremdwörtern kann übrigens auch als Imponiergehabe aufgefasst werden. Autoren sollten sich darüber im Klaren sein, dass so manches ihrer Fremdwörter vom Leser mit einem unausgesprochenen „Wichtigtuer" quittiert wird.

---

4 Meißner, Gernot: Organisierte Entwicklung des Wortschatzes in der deutschen Sprachgeschichte. In: Dieter, Hermann; Gawlitta, Kurt u. a.: Wörter fallen nicht vom Himmel. Berlin: VDS e. V., 2001, S. 101. Die Fremdwörter waren: *Conventio, Plenipotenz, Chronographicon, Kolon, Signum interrogationis.*

Manchem fremd: Fachwörter

Fachausdrücke können Fremdwörter sein, müssen es aber nicht. Die Fachsprache der Jäger verwendet beispielsweise Wörter deutscher Herkunft. Ob Experten einen Text lesen und dann auch die ihnen bekannten Wörter verlangen werden, muss vor dem Schreiben feststehen.

> Wenn der Leser Fachwörter erwartet, muss man sie auch benutzen. Ist anzunehmen, dass einige Leser sie nicht verstehen, geht es nicht ohne eine Erklärung. In kurzen Texten reicht die Erklärung beim ersten Auftreten des Fachausdrucks. Ein Glossar – eine Liste mit Erklärungen der Fachwörter – hilft in längeren Dokumenten. Manchmal nutzt auch das Stichwortverzeichnis. Der Seiteneintrag, auf dem die Erklärung steht, ist halbfett markiert.

3.6 Abkürzungen

Ein alter Trick der Schreibausbildung: Wenn Lehrgangsteilnehmer eine Abkürzung benutzen, lässt der Trainer sie erklären, was sich dahinter verbirgt. Beliebt ist das *usw.* „Was meinen Sie damit? Was gibt es noch, das den Leser interessieren könnte?" Häufig ist die Antwort, dass man es nicht genau wisse. Man benutzt lieber ein *Undsoweiter,* damit niemand belegen kann, dass etwas übersehen wurde. Darauf folgt der Rat:

> *usw., bzw., d. h.* sagen häufig nur, dass der Autor nicht genug nachgedacht hat. Diese Abkürzungen sind meistens überflüssig.

Andere Abkürzungen sind unvermeidlich. Man verwendet sie ohne Bedenken, wenn keine Verständnisschwierigkeiten auftreten können. Währungen, akademische Titel gehören dazu wie gebräuchliche Formen aus Wirtschaft und Technik: GmbH, PKW, PC.

> Ist vorstellbar, dass Leser eine Kurzform nicht verstehen, muss man sie erklären. Ähnlich den Fach- und Fremdwörtern bei der ersten Verwendung, in einer Liste der Abkürzungen, im Glossar oder mit der Hilfe des Stichwortverzeichnisses.

3.7 Zerrissene Verben

»Das Schiff ging nach einer ruhigen Fahrt, die zu den schönsten Inseln in der Karibik führte, verbunden mit wundervollen Tauchgängen in die farbenprächtige Welt exotischer Fauna, unerwartet am 15. Tag der Expedition unter.«

Wenn *gehen* zu *untergehen* werden kann, kann man es auch wieder auseinander nehmen: *geht unter*. Ein Verständnishemmer besonderer Art in allen Sätzen, in denen die getrennte Verbform den Leser unbeabsichtigt auf eine Leimrute lockt. Darin wird das Verb zu einer Klammer, die beliebig viele Informationen umschließen kann. Beim Lesen ist zu Beginn der Abschluss dieser Klemmkonstruktion noch nicht zu sehen. Meist vermutet man ein Ende, das harmonisch zu dem Eingeschlossenen passt. Wehe, wenn nicht. Was manchmal Schmunzeln und einen Aha-Effekt auslösen kann, ist in anderen Fällen ärgerlich oder hemmt das Verstehen.

> Überprüfen Sie, ob eine Verbklammer das Verständnis eines Satzes unerwünscht beeinflussen könnte. Wenn ja, lösen Sie die Klammer auf oder verwenden Sie ein anderes Verb, *versank* statt *ging unter*.

Eine andere Form der Verbklammer bieten Modalverben: müssen, können, dürfen.

»Die oberen Räume muss der Pförtner zum Ende der Veranstaltung, spätestens aber wenn der Trainer das Gebäude verlassen hat, schließen.«

Auch dieser Satz ist nicht falsch, die Klammer zwischen *muss* und *schließen* ist nur viel zu lang. Modalverb und Verb gehören zusammen:

»Die oberen Räume muss der Pförtner schließen, wenn die Veranstaltung beendet ist oder der Trainer das Gebäude verlassen hat.«

Getretner Quark

wird breit, nicht stark. Das Deutsche bietet gute Möglichkeiten, Einfaches zu komplizieren. Bürokraten bedienen sich dieser Folterinstrumente und verwenden besonders gerne Streckverben.[5]

>»Lassen Sie uns heute eine Technik zur Sprache bringen, die einige in Frage stellen.«

Gemeint ist, dass man über eine Technik *reden* will, deren Sinn oder Nutzen einige *bezweifeln.* Immer das gleiche Muster: Eine Präposition – *in, zur –,* ein Substantiv und das Verb bilden ein kompliziertes Gefüge, das ein einzelnes Tätigkeitswort ersetzt. Die Monotonie dieser Konstruktionen wirkt sich schnell auf die Verständlichkeit aus. Das wollen wir nicht *zur Kenntnis bringen,* wir *sagen* es.

> Aufmerksamkeit wecken mit einem aktiven Verb: kurz, klar und aktiv oder einschläfernd mit gestreckten Formen – gedehnt, unattraktiv und gestelzt.

3.8 Zeigen mit Wörtern

>»Wir treffen uns im Raum hinter dem Empfang. Die Teilnehmerunterlagen finden Sie dort.«

Wo sind die Unterlagen erhältlich? Am Empfang oder im Raum dahinter? Das Adverb *dort* schafft die Unsicherheit. Es zeigt auf einen Ort, hat keinen eindeutigen Bezug und erhält seine Bedeutung nur aus dem Zusammenhang, aus der Funktion.

Viele Wörter übernehmen ähnliche Aufgaben, man nennt sie Zeigwörter.[6] Diese Ausdrücke sind missverständlich. Im persönlichen Gespräch kann man Missverständnisse schnell mit einer Frage („am Empfang oder in dem Raum dahinter?") beseitigen, im geschriebenen Text nicht. Die Konsequenzen können ärgerlich sein,

---

5 Ein Fachausdruck für diese Verben ist Funktionsverbgefüge.
6 Sprachwissenschaftler nennen Zeigwörter *Deiktika* und das Zeigen mit Wörtern *Deixis.* Dieses Kapitel profitiert von den Arbeiten Karl Bühlers (1934) und Konrad Ehlichs (1979).

in sicherheitsrelevanten Texten sogar gefährlich. Wenn der Leser missversteht, was mit *hinten, dort, links, rechts, unten* oder *darüber* gemeint ist, wird er falsche Konsequenzen ziehen.

Man verzichtet deswegen oft auf einige dieser Wörter. Wenn Irrtümer möglich sind und gefährlich wären, suchen Fachsprachen nach Festlegungen und definieren Richtungsangaben. *Kranial* (kopfwärts) oder *dorsal* (bauchwärts) sind Beispiele aus der Medizin, in der Schifffahrt zeichnen sich echte Landratten dadurch aus, dass sie *Backbord* und *Steuerbord* miteinander verwechseln.

Zeigen auf einen Ort

Zeigwörter sind wie Wegweiser in sprachliche Äußerungen eingeflochten. Und oft werden sie auch durch eine zeigende Geste ergänzt: *Stellen Sie dieses bitte dorthin.* Wenn man diesen Satz zu jemandem sagt, der bei der Ausstattung eines Raumes hilft, ist völlig klar, welcher Gegenstand auf welchen Platz gestellt werden soll. Das ist erstaunlich, denn im Prinzip kann man mit *dieses* jedes Objekt meinen, das gesehen und angefasst werden kann. Und *dorthin* könnte theoretisch jeden beliebigen Ort meinen. Es funktioniert aber, und wenn eine Verwechslung möglich wäre, nimmt man den Finger zu Hilfe und zeigt.

Ausdrücke wie *dieses, dorthin, dort, drüben, da, hier* sind örtliche Zeigwörter.

Zeigen in der Zeit

Heute legt man Wert auf eine gesunde Ernährung. Wann? Heute, am 1. März 2003? Morgen nicht, gestern auch nicht? Normalerweise haben wir mit einem Wort wie *heute* keine besonderen Probleme. Das ist bemerkenswert, denn es kann

- einen unbestimmten Zeitraum angeben wie im Beispiel oben,
- sich auf einen präzisen Zeitpunkt beziehen: *Heute habe ich einen Zahnarzttermin* oder sogar
- in die Ewigkeit weisen: *Heute ist er nicht mehr unter uns.*

Heute, gestern, vorhin, bald sind zeitliche Zeigwörter.

Zeigen auf Personen

Ich schulde *dir* eine Erklärung. Wer wem? Die Wörter *ich* und *dir* gewinnen ihre Bedeutung nur aus dem Zusammenhang, wenn man weiß, wer mit wem spricht.
Ich, wir, du, Sie, Ihnen zeigen auf Personen.

Die Koordinaten

Zeigwörter sind in der gesprochenen Sprache unproblematisch, weil Sprecher und Hörer in ihrer Auffassung über Raum, Zeit und Personen ähnliche Vorstellungen teilen oder übereinstimmen. Der Gesprächspartner hat einen Ausgangspunkt, ein *hier, ich* und *jetzt,* das dem Redenden bekannt ist. Er weiß, wo *dort, du* und *gleich* einzuordnen sind, oder fragt nach. Beide wissen, wo das Koordinatenkreuz liegt.

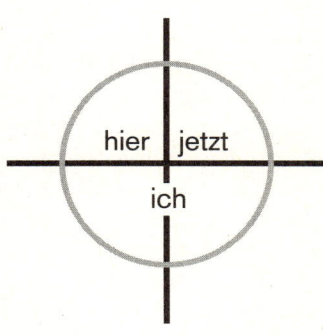

Bei Geschriebenem ist das anders. Der Autor hat keine Kontrolle darüber, was der Leser versteht und wie er es versteht. Nachfragen ist unmöglich.

> Die einzige Lösung ist es, das Koordinatenkreuz sprachlich zu platzieren: *Wenn Sie vor dem Empfang stehen, sehen Sie auf der linken Seite eine Tür...*

Zeigen im Text

Wie weiter unten noch besprochen wird, oder: *Auf S. 17 finden Sie...*Solche Redewendungen sind hässlich und manchmal sehr teuer. Wenn alle Broschüren fertig sind, dämmert es: Wie sollen wir das ins Internet stellen? Ein Hypertext kennt weder Seitenzahlen noch oben oder unten wie papierene Dokumente. Alles muss mühsam durchgesehen und korrigiert werden. Die Kosten sind nicht trivial. Einige Hersteller müssen Tausende Seiten von Hand auf Verweise durchsehen, damit die Texte online vernünftig lesbar sind.

> Versuchen Sie ohne die für das Papier typischen Verweise auszukommen, wenn Dokumente auch online präsentiert werden müssen.

Neben *oben* und *unten* kommen in Texten noch zwei weitere Verweisformen vor, die tückischer und missverständlicher sind: die Anaphern und Kataphern.

Anaphern: Eigentlich eine Figur aus der klassischen Rhetorik von griechisch „anaphero", *etwas auf etwas beziehen* oder *hinauftragen*. Gesprochen lösen diese textinternen Verweise selten Schwierigkeiten aus: *Die Tür knarrt. Sie muss geölt werden.* In diesem kleinen Beispiel ist *sie* eine Anapher und bezieht sich auf *die Tür* im vorangehenden Satz. Man kann das Wort nur verstehen, nachdem man den ersten Satz gelesen hat.

In der Literatur kann sich zwischen den beiden Sätzen ein Spannungsbogen auftun. Viele Sätze, Absätze und – bei manchen Schriftstellern – Seiten dürfen zwischen dem ersten Satz und dem erlösenden zweiten stehen. Diese Spannung ist – vielleicht mit Ausnahme einiger werblicher Texte – im typischen Geschäftsalltag nicht erwünscht.

> Anaphern lassen sich nicht immer vermeiden. Kontrollieren sie, ob der Verweis für den Leser verständlich ist.

Kataphern: Eine ähnliche Konstruktion, die aber in die andere Richtung zeigt: *Sie muss mal geölt werden. Die Tür knarrt.* Das gleiche Spiel, nur etwas missverständlicher und noch besser geeignet, Spannung aufzubauen und Interesse zu wecken:

> »Glück hat er ja, aber ein besonders angenehmer Typ ist er nicht. Was hat er die anderen manchmal geärgert! Hochnäsig ist er und völlig verklemmt. Nein, Gustav Gans kann wirklich niemand ausstehen.«

Viermal *er*, ohne dass wir wissen, um wen es sich handelt. Erst der letzte Satz löst das Rätsel. Diese Technik ist hervorragend geeignet,

Neugier und Ungeduld auszulösen. So nützlich sie einerseits sein mag, in manchen Profidokumenten verbietet sie sich:

> Vermeiden Sie Kataphern, wenn der Leser nicht unter Spannung gesetzt werden soll. In sicherheitsrelevanten Dokumenten sind solche Konstruktionen tabu.

3.9 Satzstrukturen

Die Satzlänge

Verständlichkeitsformeln und Hamburger Modell verlangen kurze Sätze. Dass Streit entsteht über die Frage, wie kurz der verständliche Satz sein müsse, wird niemanden wundern. Man kann ihn nicht entscheiden, ohne die Lesefähigkeit der Menschen zu kennen, für die ein Text geschrieben ist.

> »Boulevard-Zeitungen nutzen kurze Sätze. Manchmal drei bis fünf Wörter. Einige Sätze enthalten kein Verb. Geübte Leser stört das nicht. Sie kaufen das Blatt nicht deswegen. Kunden mit Leseschwäche sind dankbar. So ist allen gedient.«

Dieses Textbeispiel hat durchschnittlich fünf Wörter pro Satz. Mehr als kurze Absätze, geschmückt und ergänzt durch Überschriften, Bilder und andere grafische Elemente könnte man in dieser Technik keinem Leser zumuten. In etwas längeren Artikeln nutzen auch Boulevard-Blätter Nebensätze und spendieren mehr Wörter je Satz.

> Sätze bis etwa sieben Wörter erreichen nur in sehr kurzen Texten ihr Ziel. Sie bedürfen fast immer einer grafischen Ergänzung.

Im Durchschnitt sind zehn bis fünfzehn Wörter eine vertretbare Satzlänge für verständliche Texte. Geringe Leseübung oder das Deutsche als Fremdsprache lassen den Wert eher bei 10 setzen. Wenn noch kürzere Sätze angemessen wären, geht es nicht ohne besondere Überlegungen. Gründe können sein

• sehr geringe Lesekompetenz,

- ein Lesealter unter zehn Jahren,
- besondere Lesesituationen,
- mediale Einschränkungen.

Manchmal muss alles schnell gehen. Die **Situation,** in der man liest, spielt dann eine wichtige Rolle. Auch wer komplizierte Satzkonstruktionen mühelos verstehen kann, würde vielleicht verzweifeln, wenn die Gebrauchsanleitung eines Feuerlöschers Nebensätze enthält. Zeitdruck verlangt kurze Sätze.

Auch **Online-Medien** legen den Gebrauch kürzerer Sätze nahe. Besonders Datensichtbrillen und ähnliche Geräte mit winzigen Displays verlangen sparsamen Wortgebrauch.

> Keine Regel, eher eine Empfehlung: 15 Wörter im Satz sind angemessen für Leser mit guten Deutschkenntnissen und durchschnittlichen Anforderungen.

Auch wesentlich längere Sätze können dennoch gut verständlich sein,
- wenn sie einen Aufzählungscharakter haben,
- durch die Gestaltung gut gegliedert sind oder
- die Nebensätze in einer logischen und nicht verschachtelten Abfolge stehen.

Der voranstehende Satz ist mit seinen 31 Wörtern immer noch recht gut verständlich. In diesem Fall hilft die Gestaltung, einen Bandwurmsatz optisch übersichtlich zu präsentieren.

Niemand leidet gerne

Kein Schreibtraining ohne Kritik am Passiv:

»Persönliche Daten werden von uns gelöscht.«

Das Wort *Passiv* ist besser als *Leideform* oder ähnliche Eindeutschungen, weil Sätze im Passiv nichts über das Leid aussagen: *Herr Müller wird reich beschenkt.* Die Alternative zum Passiv ist das Aktiv: *Wir löschen die persönlichen Daten.*

Im Deutschen kann das Passiv unterschiedliche Formen annehmen, manchmal erkennt man es kaum. *Das Fenster ist geöffnet* fällt als Passiv – grammatisch ein Zustandspassiv – gar nicht auf, weil es das Hilfsverb *worden* verschweigt.

Bekannt ist, dass

- Leser manchmal länger brauchen, um einen Satz im Passiv zu verstehen,
- sie den Passivsatz dafür leichter missverstehen und
- wichtige Informationen im Passiv in den Hintergrund treten oder sogar völlig verschwinden. In dem Passivsatz *Die Gebühren für das Schwimmbad werden erhöht* tritt in den Hintergrund, dass es einen Akteur gibt, einen, der handelt und das Schwimmen künftig verteuert.

Die **aktive Sprache** lebt, sie zieht den Leser ins Geschehen. Die **passive** hingegen drückt sich davor, Interessantes in den Mittelpunkt zu zerren, Ursachen und Wirkungen zu benennen. Deswegen verzichten einige Zeitungen und Zeitschriften ganz auf Passivsätze.

> In Texten an die Presse benutzt man also besser nur das Aktiv. Auch in sicherheitsrelevanten Texten, Anleitungen und Warnungen ist das Passiv tabu.

Wenn es nicht auf den Handelnden ankommt, sollte das Passiv in der richtigen Dosierung keinen Leser ernsthaft irritieren. Es kann sogar ein bisschen Abwechslung bringen. Autoren, die dieses Gewürz unerträglich großzügig einsetzten,[7] hilft eine kurze Phase aktiver Selbstüberprüfung, die Null-Passiv-Methode:

> Kontrollieren Sie einen Monat jeden Text auf Passivkonstruktionen. Schreiben Sie jeden gefundenen Satz in das Aktiv um. Nach vier Wochen sollte man die Passivitis kuriert haben. Bessere Texte, lesbarer und verständlicher, sind der Lohn für die Mühe.

---

7 Ein Erfahrungswert: In Seminaren und der beruflichen Weiterbildung 18 von 20 Teilnehmern.

Satzverbindungen

Unverständlich sind Schachtelsätze. Sie verlangen dem Leser ab, dass er den Satz mühsam auseinander nimmt, um die Ordnung der Nebensätze zu verstehen. Ein Exemplar dieser Art:

> »Nach deutlicher Kritik von Anwendern, die das ursprüngliche Ausgabeformat, das bis vor kurzem den Markt beherrschen konnte, nachdem der einzige ernsthafte Mitbewerber die Produktion hatte einstellen müssen, ergänzt wissen wollten durch RTF und PDF, hat sich der Hersteller zu einer Überarbeitung der Software entschlossen.«

Dass diese Konstruktionen unbrauchbar und schwer verständlich sind, ist leicht einzusehen. Dennoch drucken auch angesehene deutsche Tageszeitungen oft genug ähnliche Verschachtelungen. Belege, dass auch Profis derlei Unfug nicht immer vermeiden.

Welche Strukturen sind aber verständlich, sinnvoll und empfehlenswert? Wieder gibt es keine Regel, eher einige Empfehlungen. Wer sich an ein einfaches Muster hält, wird seine Leser nicht mit komplizierten und schwer verständlichen Satzkonstruktionen peinigen:

> Ein Hauptsatz ist am leichtesten zu verstehen. Mehrere Hauptsätze hintereinander wirken monoton. Auch die einfachste Lösung stört also auf Dauer die Verständlichkeit. Ein Hauptsatz mit Nebensatz oder zweitem Hauptsatz schaffen schon etwas Abwechslung.

Mehrere Nebensätze verlangen besondere Aufmerksamkeit. Die Teilsätze dürfen nicht eingebettet sein, sonst entsteht ein Schachtelsatz oder wenigstens ein hässliches Tohuwabohu:

> »Der Briefträger, der glaubt, dass Hunde, die bellen, nicht beißen, irrt.«

Mindestens der Relativsatz *die bellen* wird unerträglich. Etwas geordneter:

> »Der Briefträger irrt, der glaubt, bellende Hunde würden nicht beißen.«

> Nebensätze müssen den Leser in der Gliederung der Information unterstützen. Man liest von links nach rechts. Jede Anordnung, die diesem Prozess widerspricht, stört das Verständnis.

Parallele Strukturen

Solche Sätze brechen den Text auf und gestalten einen Sachverhalt für den Leser offensichtlicher. Ein Beispiel zeigt, was gemeint ist. Nicht parallel:

»Wenn Sätze nebeneinander stehen, die in ihrer Struktur nicht übereinstimmen, sind sie nicht parallel. Der voranstehende Satz und dieser Satz sind nicht parallel.«

Parallel:

»Geben Sie Sätzen eine ähnliche Struktur.
Schreiben Sie die Sätze untereinander.
Machen Sie es dem Leser leicht!«

Alle Sätze sind gleich strukturiert. Manchmal sind sie eingerückt und durch Gedankenstrich oder grafische Symbole (•) besonders gekennzeichnet. Parallele Strukturen verlangen, dass die Sätze kurz sind. Man kann sie schnell lesen und verarbeiten. Manche Texte – besonders in technischen Abteilungen – übertreiben es aber, diese Technik ist kein Allheilmittel. Ein Text büßt schnell seine Lesbarkeit ein, wenn man ihn mit zu vielen parallelen Satzkonstruktionen verunstaltet.

> Auch parallele Strukturen sind ein Gewürz, kein Grundnahrungsmittel.

Besser ja als nein

Selten kann man auf Negationen völlig verzichten, warum auch? *Nein, nicht, kein,* die Vorsilbe *un-* und die anderen Verneinungen gehören zu den Instrumenten des Texters. Man muss nur um ihre manchmal fatale Wirkung wissen, um sie auf die **richtigen Plätze** zu beschränken und unbeabsichtigte Seiteneffekte zu vermeiden.

Menschen können nicht negativ denken: *Unsere Kopierer kennen keinen Papierstau.* Eine angenehme Wahrheit, doch der Leser denkt zunächst an seinen Ärger mit solchen Maschinen, nicht an das vermeintlich sichere Produkt, das der Satz bewirbt. Erst das Ereignis, dann die Negation. Die Aussage verfehlt ihre Wirkung. Ein drastisches Beispiel gleicher Bauart würde hundertprozentig das Gegenteil des Gemeinten auslösen:

»Ich wünsche Ihnen einen guten Flug. Und denken Sie einfach nicht an den Flieger, der gestern abgestürzt ist.«

Natürlich denkt der Reisende nun auf jeden Fall an das Unglück. Neben dieser kognitiven Wirkung des Nein schleicht sich ein logischer Grund für Verwirrung in Texte, die mit doppelter Negation ausgestattet sind:

»Die Maschine dürfen Sie nicht einschalten, wenn die Temperatur nicht unter achtzig Grad gesunken ist.«

Der Satz ist zwar noch eindeutig, doch schon etwas schwerer zu verstehen. Die doppelte Verneinung in einem Satz wirkt als Verständnis-Falle. Besser ist:

»Schalten Sie die Maschine erst ein, wenn die Temperatur unter achtzig Grad gesunken ist.«

In beschreibenden Texten möglichst viele Inhalte **positiv** zu formulieren, ist mehr als ein Konzept des Marketing. Es unterstützt den Leser und fördert das Verstehen.

> Wenn eine Verneinung nötig ist, nutzen Sie höchstens eine Negation pro Satz. In sicherheitsrelevanten Texten sind negative Konstruktionen nur bei Warnungen und Hinweisen angebracht: *Niemals die Klappe bei laufender Maschine öffnen!*

Manchmal: Für jede Handlung ein Satz

Anleitende oder sicherheitsrelevante Texte dürfen den Leser nicht darüber im Unklaren lassen, in welcher Reihenfolge etwas geschehen muss. Was nicht klar und deutlich gesagt wird, mag im Falle eines Schadens Gegenstand juristischer Auseinandersetzung sein. Gefährlich könnte werden:

»Füllen Sie das Öl ein, nachdem Sie den Filter gereinigt und das Ventil ersetzt haben.«

Zwar sehen Wohlmeinende ein Erstens, Zweitens und Drittens in der Handlungsabfolge. Einem Streit würde diese Auffassung womöglich nicht standhalten, denn man könnte den Satz auch missverstehen. Deswegen ist es besser, ausdrücklich zu sagen, in welcher Abfolge gehandelt werden muss:

»(1) Reinigen Sie den Filter.
(2) Ersetzen Sie das Ventil.
(3) Füllen Sie das Öl ein.«

Die Nummerierung zeigt dem Leser deutlich, dass er die einzelnen Tätigkeiten nacheinander und in der vorgegebenen Reihenfolge ausüben muss.

Keine Frage des Stils

Vieles erklären die typischen Stilistiken mit erhobenem Zeigefinger zu einer Angelegenheit des guten Geschmacks, das eigentlich keiner Frage bedarf. Es ergibt sich automatisch, wenn man Textgestaltung unter dem einen Ziel betrachtet: Der Leser muss den Text verstehen können, sonst ist das Geschriebene vielleicht teuer, auf jeden Fall aber wertlos.

3.10 Praxisteil

Tipps zum verständlichen Schreiben auf wenigen Seiten zusammengefasst: Wörter, Sätze und sicherheitsrelevante Texte.

Konkrete Wörter benutzen

Überprüfen Sie, ob Sie abstrakte Wörter im Text durch konkrete ersetzen können. Konkrete Wörter sind anschaulich. Leser verstehen sie meist besser und schneller.

Abstrakt:	**Konkret:**
Zwischenmahlzeit	Würstchen, Bouletten, Kartoffelsalat, Bier, Brause und Mineralwasser
Dekoration	Obst und Herbstblumen
Wir installieren erfolgreich . . .	Wir holen die Geräte aus der Kiste, stellen sie auf, schrauben die Stecker zusammen und gehen nicht, bevor Sie sagen, dass alles in Ordnung ist.

Komposita auflösen

Mehrere Substantive sind zu einem neuen zusammengesetzt. Manche Komposita sind Fachwörter, die eine Zielgruppe erwartet. Dann muss man sie auch verwenden: Deckungsbeitragsrechnung. Im Unterschied zu diesen Ausdrücken entstehen überflüssige Zusammensetzungen aus Achtlosigkeit. Sie sind schwer, für Nicht-Muttersprachler nur mit äußerster Anstrengung oder gar nicht verständlich.

Kompositum:	**Mögliche Auflösungen:**
Haupteinflussfaktor	Vor allem beeinflusst...
Schülerantwortenaufzeichnung	Antworten der Schüler speichert...

Nominalisierung vermeiden

Wenn Verben zu Substantiven werden, verliert der Text an Verständlichkeit und Attraktivität. *Eine Katze fängt Mäuse,* nicht: *Das Fangen der Mäuse erfolgt durch eine Katze.* Anzeichen:

- Verben: erfolgen, geschehen, passieren, sich ereignen
- Substantive auf -ung: Bestellung, Einladung

Fremdwörter

Vermeiden: Wenn das Fremdwort nicht nötig ist: Der Leser erwartet es nicht, und der Autor kann es durch ein deutsches Wort ersetzen. Keine Neuschöpfungen (*Aromaschalter* an einer Kaffeemaschine), keine „modischen" Anglizismen. Wo die Grenzen zu ziehen sind, entscheidet das **Sprachgefühl.**

Wer will, ersetzt *E-Mail* durch *E-Post.* Die das befremdlich finden, können ihre Entrüstung *mailen.* Nicht verhandeln muss man über Sprachblähungen: *Knowledge pieces, Country-Manager* und *Key Messages* sind in Profitexten fehl am Platz.

Erklären: Könnte ein Leser, für den der Text geschrieben ist, das Fremdwort nicht verstehen?

Wenn ja, muss man es erklären, beim ersten Auftreten, in einem Glossar (eine Liste mit Worterklärungen) oder im Stichwortverzeichnis. Darin zeigen halbfett markierte Seitenzahlen an, auf welcher Seite das schwer verständliche Wort erklärt ist.

Fachwörter und Abkürzungen

Benutzen: In Texten für Fachleute oder bei unvermeidlichen Fachausdrücken: *Nickel-Cadmium-Akku, GSM-Netz, Plattenwärmetauscher, Ishikawa-Diagramm.*

Erklären: Wie bei Fremdwörtern und/oder in Hinweisen auf die Herkunft. Beispiel: *Wortwahl nach DIN/ISO 9000 bis 9004.* Diese Normen verwenden die im Deutschen ungebräuchlichen Ausdrücke *Audit* und *Auditor.* Herkunft und Bedeutung muss ein Profitexter erklären, wenn einem Leser solche Begriffe unbekannt sein könnten.

Vermeiden: *usw., d. h., z. B.* und viele andere Abkürzungen sind meistens überflüssig.

Verben: weder klammern noch strecken

Verbklammer: *Der Meister gab nach sieben Runden, in denen er seine Überlegenheit deutlich zeigen konnte, auf.*
Besser: *Der Meister gab auf, nachdem er sieben…*
Streckverben: *in Frage stellen*
Besser: *bezweifeln*

Zeigen mit Wörtern

Zeigwörter sind unvermeidlich, aber tückisch. Sie verweisen entweder innerhalb eines Textes: *oben, unten,* das Wort *sie* am Anfang dieses Satzes auf das Wort *Zeigwörter* im voranstehenden Satz. Oder sie zeigen irgendwohin in Raum und Zeit: *Jetzt geht er dorthin. Jetzt, er* und *dorthin* deuten auf einen Zeitpunkt, eine Person und einen Ort ohne sie genauer zu benennen.

- Wenn papierene Texte später auch in Hypertext – für Online-Darstellungen – überarbeitet werden sollen, empfiehlt sich, rechtzeitig eine Lösung für textinterne Verweise zu finden. Sonst droht eine aufwändige und kostenintensive Nacharbeit.
- Für Zeigwörter müssen die Koordinaten eindeutig sein. Von wo aus wird worauf gezeigt? Der Schnittpunkt des Koordinatenkreuzes sollte der Leser oder der gegenwärtige Zustand des Gerätes, der Software sein: *Sie stehen vor dem Eingang. Links sehen Sie…*

- Manchmal hilft eine Abbildung. Ein Pfeil im Bild sagt mehr als alle Zeigwörter.
- Anaphern können missverstanden werden. Überprüfen Sie, ob Leser unbeabsichtigt irritiert werden könnten.
- Kataphern sind von allen Zeigwörtern am schwersten zu handhaben. Sie erzeugen einen attraktiven Spannungsbogen, der Leser leicht in die Irre führt. Dokumente, die haftungs- oder sicherheitsrelevant sind, müssen auf diese Konstruktion verzichten.

Sätze

- Im Durchschnitt: 10 bis 15 Wörter pro Satz
- Passiv nur ausnahmsweise
- Keine Schachtelsätze
- Durchschnitt: ein Hauptsatz oder ein Hauptsatz, ein Nebensatz

Sicherheitsrelevante Texte

Im weitesten Sinne Texte, Online-Dokumente und ergänzende Schriftstücke, die einem Kunden oder Anwender die Handhabung eines Produktes erklären. Wenn sich ein Schaden ereignet, kann die Textgestaltung unter juristischen Gesichtspunkten beurteilt werden. Details, weitere Informationen und juristische Beratung erhalten Mitglieder über den Fachverband der Technischen Redakteure: www.tekom.de

- Immer das gleiche Wort für den gleichen Gegenstand oder Sachverhalt.
- Kein Passiv.
- Fremdwörter, Fachwörter und Abkürzungen immer erklären.
- Eine Handlung pro Satz.
- Positiv formulieren, Verneinungen nur bei Warnungen und Hinweisen nutzen.
- Anleitungen als Imperativ oder Infinitiv: *Knopf drücken*.

Sicherheitshinweise müssen mehreren Anforderungen genügen: Normen und Richtlinien (Beispiel: EN 292, Europanorm für Maschinen), höchstrichterlichen Entscheidungen (Beispiel: Urteil des Bundesgerichtshofs vom 12. 11. 1991, Az.: VI ZR 7/91). In Deutschland berücksichtigen Autoren auch die sehr ausführliche USA-

Norm ANSI Z 535.4. Eine Zusammenfassung dieser Dokumente und weitere Hinweise finden Sie in der Loseblattsammlung: Sturz/ Wallin-Felkner/Böcher/Frenz/Han: Technische Dokumentation. Augsburg: Weka, 1995 und folgende.

4. Wie ein Text entsteht

4.1 Ein buntes Potpourri

Schön wär's, könnte man einen Weg nehmen, der sicher zum Ziel führt: Wenn Sie etwas schreiben wollen, gehen Sie folgendermaßen vor: erstens, zweitens, drittens. Doch das funktioniert nicht. Jeder Autor hat seine eigene Arbeitsweise. Die des einen würde den anderen verzweifeln lassen. Damit nicht genug verwendet jeder einzelne auch unterschiedliche Verfahren, abhängig von

(1) Berufserfahrung,
(2) Vertrautheit mit dem Thema,
(3) Textumfang,
(4) Dokumenttyp,
(5) Zeitbudget,
(6) Rahmenbedingungen und
(7) Lesern.

Im Detail heißt das, man muss darauf verzichten, Textproduktion nach Gebrauchsanleitung zu betreiben. Wer unsicher ist, kann vielleicht erfolgreich Tipps einem Buch mit Mustertexten entnehmen, diese etwas abändern und dann versenden. Eine professionelle Lösung auf Dauer ist das nicht.

(1) Wer startet, würde die Zutaten gerne nach Rezept zusammenrühren, die **Berufserfahrung** fehlt noch. Alte Hasen legen einfach los und schreiben, manchmal jedenfalls. Doch trotz aller produktiven Anarchie nutzen auch erfahrene Texter hin und wieder eine Krücke, wenn der Pfad schwierig wird, die Kräfte nachzulassen drohen. Der Profiautor muss produzieren, Ausreden gelten nicht.

(2) Selbst wenn man mit dem **Thema vertraut** ist, steht am Anfang eine Recherche. Auch das gehört zum professionellen Schreiben: Material zusammentragen, gewichten, die Informationsbeschaffung rechtzeitig beenden, die Lücken kennen, um spätere Überraschungen zu vermeiden. Manche verzetteln sich regel-

mäßig, tragen Material zusammen, das sie niemals benötigen werden. Andere arbeiten souverän und punktgenau. Was sie brauchen, liegt auf dem Tisch, nicht mehr und nicht weniger. Die unterschiedliche Herangehensweise sieht man den Texten nicht unbedingt an. Das Ziel erreicht man auch mit angezogener Handbremse, es kostet nur ein bisschen mehr Energie.

(3) Wenige Zeilen, eine E-Mail, die Benachrichtigung eines Kunden: Viele kurze Texte, die tagtäglich durch die Rechner gehen. Der **Textumfang** ist so gering, dass man nicht lange nachdenken muss. Kompliziertere, umfangreichere Texte werden dagegen manchmal zu Zeitfressern. Schon eine einfache PowerPoint-Präsentation mit nur 20 Folien kann einen Arbeitstag verschlingen.

(4) Nicht jeder schreibt jeden **Dokumenttyp** gleich gerne und gleich gut. Papier oder Hypertext? Geschäftskorrespondenz oder Broschüre? Schulungsunterlagen oder Mahnung? Leiter einer Agentur, Redaktion oder eines Textbüros wissen, welcher Mitarbeiter mit einem Auftrag am besten fertig wird. Wenn es wirkliche Allround-Talente geben sollte, sind sie selten.

(5) Die stillschweigende Übereinkunft der Berufstätigen: Niemand hat **Zeit.** Jede Recherche, Überlegung, Textgestaltung fordert aber Zeit. Der Profi schafft es irgendwie. Manche warten bis auf den letzten Drücker, dann legen sie los, tippen ohne Pause Zeile für Zeile und brauchen nicht einmal eine Korrektur. Andere planen gründlich und zeitgerecht, schieben Sätze hin und her. Dennoch ist ihr Text nicht besser oder schlechter als der des Druckschreibers.

(6) Unzählige **Rahmenbedingungen** wirken auf die Textproduktion: Honorar, Stress, Reputation, Bedeutung des Auftrages. Absätze können zäh fließen, wenn das Geld nicht stimmt, das Geschreibsel nur eine Alibifunktion hat und niemanden wirklich interessieren wird. So manches Protokoll liest nur der, der es auch schreibt. Anders eine Schulungsunterlage, alle Teilnehmer werden sie lesen, die Übungen ausprobieren und hoffentlich ihren Spaß daran haben. Der Text als nervtötende Pflichtaufgabe will nicht fertig werden, in der gleichen Zeit könnten etliche Seiten für das nächste Training stehen.

(7) Man schreibt nicht immer für die gleichen **Leser.** Selbst erfahrene Autoren sitzen fassungslos stundenlang vor einem leeren Blatt, wenn die Zielgruppe fremd ist oder irgendwelche Vorbehalte bestehen. Andere stört gerade die mangelnde Distanz zu denen, die lesen werden. Man sieht den Wald vor Bäumen nicht, findet nichts, was fehlen könnte.

Mit etwas Technik führt der Weg aus jedem Tal wieder hinaus. Kein Grund zum Verzweifeln also, wenn Texte nicht immer gleich gut von der Hand gehen. Auch chronische Vielschreiber haben schlechte Tage, kommen mit einem Thema nicht zurecht und erbleichen beim Anblick des gestern Getippten. Um Missverständnissen vorzubeugen: DIE Methode des erfolgreichen Schreibens gibt es nicht. Es lohnt sich aber, den Blick auf einige Verfahren und Ansätze zu werfen, mit denen andere wirksam arbeiten können.

4.2 Zeitreise gefällig?

Informationen beschaffen, auswählen, gliedern und formulieren: Stufen der Arbeit am Text, die keine Erfindung des einundzwanzigsten Jahrhunderts sind. Es sind Konzepte der klassischen Rhetorik, nur in neuem Gewand. Vieles ist heute verloren oder wenigstens nicht mehr aktuell, das für Profitexter über zweitausend Jahre zum Handwerk gehörte.

Eine Ursache dieses Verlustes ist die Terminologie, die nicht gepflegt und den gegenwärtigen Erfordernissen angepasst wurde. Schwer verständliche altgriechische Bezeichnungen laden nicht dazu ein, die Zeit mit der antiken Rede- und Schreibkunst zu verbringen. Diese Wörter gehören zu einer Sprache, die selbst die Griechen von heute nicht mehr verstehen.

Studenten pauken auch eher die formale Logik, als sich mit der Kunst des logischen Schließens auseinander zu setzen. Die Gründe scheinen einleuchtend: Der Formalismus ist beim Programmieren und Datenbankdesign von Nutzen, während die klassische Logik als Instrument der Rhetorik und der Argumentation ihren Reiz verloren hat. In der Eile des Alltags hat ohnehin keiner die Zeit den Aufbau eines logischen Schlusses zu analysieren und mit gleichen Mitteln zu antworten.

Dennoch kann man von den antiken Meistern auch heute einiges lernen, zumindest über das Verfassen vernünftiger Texte. Dieses Handwerk hat Tradition. Den Altvorderen verdanken wir Vorgaben, mit denen auch heute noch zu arbeiten ist, beispielsweise die klassische Dreiteilung:

(1) Recherche,
(2) Ordnung des Materials und
(3) Schreiben, an Worten und Argumenten feilen.

In diesen Schritten entwickeln sich Rede und Text bei Cicero und schließlich bei Quintilian in seiner „Ausbildung des Redners":[1]

(1) Die **Recherche** (inventio) ist die Sammlung allen Stoffes, auf den der Text zu einem gegebenen Anlass bauen könnte. Die juristische Rede – in der Antike das rhetorische Instrument schlechthin – verlangt eine ordentliche Sammlung an Fakten und Argumentationen. Alles muss auf den Tisch, wenn es zur Lösung beitragen könnte.

Was wollen wir erreichen? In welchem Verhältnis steht unser Ziel zum Gesetz, zu den üblichen Bräuchen? Wie interpretieren wir die Sachverhalte, mit welchen Gegenargumenten müssen wir rechnen? Welche Interessen stehen hinter Einwänden, die unsere Position angreifen und schwächen könnten? Wie sehen denkbare Beweisführungen der Gegner aus, wie können wir sie entkräften? Welche Zeugen können wir ins Feld führen, die unsere Darlegungen bestätigen?

(2) Im nächsten Schritt (dispositio) überprüft der Autor das Material auf seine Brauchbarkeit, legt Überflüssiges beiseite und ordnet Nützliches. Die **Gliederung** des Textes entsteht. Sie fügt sich den Vorgaben, die der Anlass diktiert. Als Stützwerk einer zielgerichteten Argumentation trägt sie den sprachlichen Ausdruck. Wenn das Gerüst nichts taugt, ist die verbale Kunstfertigkeit für die Katz.

---

1 Ueding, Gert: Rhetorik des Schreibens. Eine Einführung. 4. Aufl., Weinheim: Beltz, 1996. Quintilianus, Marcus Fabius: Ausbildung des Redners. Lateinisch/deutsch, herausgegeben und übersetzt von Rahn, Helmut. 2 Bde., 3. Aufl., Darmstadt: WBG, 1995.

(3) Die **Arbeit an Wort und Satz** vollendet den Text (elocutio). Das reiche Angebot klassischer Rhetorik an geschliffenen Worten und Denkfiguren schafft in richtiger Dosierung Spannung und Schärfe, erregt Interesse und aufmerksame Teilnahme des Lesers oder Zuhörers.

Die Technik nutzt heute wie damals, im Streit wie im Scherz: „Es ist oft schwieriger den Mund zu halten – als eine Rede."[2] Das gleiche Wort – *halten* – in zwei Zusammenhängen, die in keiner Beziehung zu einander stehen. Der Gag wirkt, an den Namen aber kann man sich nur schwer gewöhnen, denn diese Konstruktion führt auch heute noch die altgriechische Bezeichnung *Zeugma*.

> Die Arbeit des Profitexters ist heute wie vor zweitausend Jahren zielgerichtetes Recherchieren, Ordnen und Schreiben. Das bestimmt **Inhalt, Struktur** und **Stil** eines Textes.[3]

4.3 Voraussetzungen und Ziele

Der folgenschwerste Irrtum des Amateurs ist die Annahme, dass Texte für sich allein betrachtet gut oder schlecht sein könnten. Man hört den alten Deutschlehrer, der das Gute, Wahre und Schöne würdigt. Im Geschäftsleben bestimmen aber andere Faktoren wenigstens mit über die Qualität eines Textes. Einen, der zu ertrinken droht und *Hilfe* ruft, wird man auch nicht auffordern: *Sprechen Sie in ganzen Sätzen!*

> Jede Situation fordert einen Text, der genau auf diese Sachlage zutrifft. Bevor die Recherche starten kann, müssen **Voraussetzungen** und **Ziele** deutlich sein.

---

2 Erhardt, Heinz: Noch'n Gedicht. 10. Aufl., Hannover: Fackelträger, 1971, S. 78.
3 Dank an meinen niederländischen Kollegen Adrian Borggreve, Deventer, für die Zusammenarbeit und lange Gespräche über Inhalt, Struktur und Stil.

Voraussetzungen

Profitexte entstehen in ökonomischen Zusammenhängen. Wie überall in der Wirtschaft geht es nicht ohne einen Blick auf das Verhältnis von Kosten zu Nutzen, hier: die Beziehungen zwischen Text und Textproduktion auf der einen Seite sowie den Lesern und dem Markt auf der anderen. Die Beschränkung auf typische Fragen der Betriebswirtschaft, den Beitrag zur Wertschöpfung etwa, reicht aber nicht aus, weil immer einige Aspekte des Schreibens und der Textwirkung übrig bleiben, die sich einer betriebswirtschaftlichen Messung widersetzen. Wenigstens sechs Voraussetzungen bedürfen der Klärung, bevor mit der Arbeit an einem Text begonnen wird:

(1) Nutzen,
(2) Kosten,
(3) Lesebereitschaft,
(4) Markt,
(5) Dokumenttypen und
(6) Produktionsbedingungen.

Weder ist diese Liste vollständig, noch wird man für jedes kleine oder mittlere Projekt auf alle Fragen eine Antwort benötigen. Sie bildet einen Kern an Fragen, der gelegentlich durch Leseranalysen oder Vorgaben der Corporate Identity zu ergänzen ist. Im Detail fragen Autoren und Auftraggeber vor Beginn der Arbeit nach:

(1) **Nutzen:** Ist der Text vorrangig werblich, dient er zur Verstärkung der Kundenbindung, ist er ein Beitrag zur Öffentlichkeitsarbeit oder gesetzlich gefordert. Anders als in der Poesie hat jeder Text im Wirtschaftsleben einen Nutzen, den Auftraggeber benennen können. Dessen Einschätzung beeinflusst, welche Mittel für die Textproduktion zur Verfügung stehen.

(2) **Kosten:** Professionelles Schreiben ist immer vom Budget abhängig. Dieses schafft die Voraussetzungen, an denen sich Autoren orientieren müssen.

Welche Rolle Zeit und Geld spielen, zeigen deutlich die schlechten Beispiele, wenn am falschen Ende gespart wird. Unzählige Texte, die für ein Papierdokument geschrieben wurden, stellen Unternehmen anschließend einfach in das Internet. Die Kosten für eine mediengerechte Überarbeitung waren zu hoch. Am Bildschirm sind diese Missgestalten fast unlesbar.

(3) **Lesebereitschaft:** In welchem Verhältnis steht der Leser zum Text? Die übliche Geschäftskorrespondenz, Fax, Brief, E-Mail wird selbstverständlich gelesen und weiterbearbeitet oder abgeheftet. Meist ohne besondere Vorkommnisse, Vorgangsbearbeitung nach Plan.

Sogar Bedienungsanleitungen finden hin und wieder ihre Leser, weil diese das Produkt sonst nicht ordnungsgemäß nutzen können, es zu beschädigen fürchten. Diese Texte **müssen** Kunden lesen, ähnlich der Lektüre von Katalogen oder Internetseiten, über die Produkte zu bestellen sind.

Die Bereitschaft diese Textflut anzusehen und zu verarbeiten ist vorhanden, nicht aber die Begeisterung, ein Grund mehr, sich bei solchen Texten anzustrengen. Jedes Detail kann Auskunft darüber geben, wie eine Firma zu dem lesenden Geschäftspartner oder Kunden steht. Nimmt man ihn ernst, ist der Kunde König?

Erstaunlich ist, wie arm an Einfällen und gestalterischem Können produktbegleitende Texte oft sind. Denn schon die erste Botschaft zählt, die ein Kunde nach dem Kauf beim Ausräumen des Pakets liest. Gute Texte sind Nachkaufwerbung, leisten einen Beitrag zur Kundenbindung.

Anders sieht es bei reinen Werbetexten aus. Niemand muss sie lesen, viele verzichten darauf. Auch Nachrichten in Zeitungen, Berichte und Reportagen kämpfen darum, dass der Leser bei der Stange bleibt, tatsächlich bis zum letzten Satz durchhält – oft vergeblich. Wenn die Lesebereitschaft gering sein wird, muss sich die Planung dem beugen. Solche Texte müssen den Leser mit dem ersten Satz fesseln.

(4) **Der Markt:** Das Schreiben ist langfristig nur erfolgreich, wenn die Autoren auch die Mitbewerber und deren schriftliche Äußerungsformen im Blick behalten. Hochpreisige Produkte verlangen andere Textgestaltung als Massenware.

Auch die Produktwelt hat eigene Forderungen an das Budget zur Folge. Die fünfte Werbebroschüre für einen Softwareproduzenten im Finanzmarkt wurde zum Albtraum. Wäre es ein Hersteller im Sondermaschinenbau, hätte man Werkstoffe abbilden, Fotografien einsetzen können. Text und Bild können wie selbstverständlich eine zielorientierte Symbiose eingehen. Sinnlich erfahrbare Produkte gestatten eine andere Herangehensweise als abstrakte mathematische Prozesse und Datenbanksteuerungen. Letztere verlangen dem Texter komplizierte Strategien ab, um Leistungsmerkmale zu beschreiben und gemeinsam mit einem Grafiker werblich darzustellen. Sie sind – nicht selten – aufwändiger und weit anstrengender.

(5) **Dokumenttypen:** Über einen Brief oder eine E-Mail muss man nicht viele Worte verlieren. Andere Texte sind auch für erfahrene Profis Herausforderungen. Imagebroschüren, Betriebszeitungen, Schulungsunterlagen oder eine Website können Wochen in Anspruch nehmen, manche auch Monate.

(6) **Produktionsbedingungen:** Schreibt einer alleine, oder muss die Arbeit mehrerer Autoren koordiniert werden. Im Team zu schreiben setzt Regeln voraus, die nur in diesem Zusammenhang von Bedeutung sind.

Ziele

Für viele Alltagsarbeiten ist es trivial, über die Ziele eines Textes Gedanken zu verlieren. Eine Rechnung will den Kunden zum Bezahlen auffordern, die Einladung soll möglichst viele Besucher in die Veranstaltung locken. Texte wollen

• informieren,
• überzeugen,
• Handlungen veranlassen,
• überreden, manchmal auch
• warnen.

Eine ausdrückliche Zielvorgabe ist unvermeidlich in der Zusammenarbeit mit einem Dienstleister und für Projekte, die nachhaltigen Einfluss auf die externe Kommunikation ausüben können. In Werbung, Öffentlichkeitsarbeit und Dokumentation stimmen Anbieter und Kunde einer Reihe von Zielvorgaben zu. Sie legen Meilensteine fest, an denen man gemeinsam prüft, ob Zwischenziele erreicht sind, und entscheidet, was bei Abweichungen zu tun ist.

Wenn ein Text Ziele auf internationalen Märkten erreichen soll, muss er übersetzt oder lokalisiert werden. Je früher der Texter darüber informiert ist, dass sein Produkt an die Gegebenheiten in anderen Ländern und Kulturen anzupassen ist, desto eher kann er Kosten für die Weiterverarbeitung bei seiner Arbeit berücksichtigen.

4.4 Recherchieren

Nicht nur etwas für Journalisten, Detektive und Polizeibeamte. Jeder Berufstätige muss täglich Informationen zusammentragen, um Aufgaben zu bewältigen. Irgendwie schaffen es auch alle, eigene Recherchestrategien zu entwickeln, und letztendlich funktioniert es, man hat, was man benötigt. Jeder macht es, die Praxis ist alltäglich, doch das Wort *Recherche* benutzen nur wenige.

Die professionelle Recherche beinhaltet mindestens vier Arbeitsschritte:

- Fragen und Lücken finden,
- Informationen beschaffen,
- gegenprüfen und
- archivieren.

Keine eindeutige Abfolge, kein erstens, zweitens, eher die häufige Wiederholung sich ähnelnder Handlungen. Jede Information kann neue Lücken aufdecken, neue Fragen in den Vordergrund rücken, dann beginnt es von vorne. Wer nicht aufpasst, ist schnell in einer Endlosschleife, besonders für Anfänger wird die Recherche oft zu einem lähmenden Zeitfresser.

Wenn die Untersuchung zu lange dauern wird oder zu werden droht, nutzt ein **Rechercheplan**. Er enthält Fragen und Hypothesen, Hinweise auf Quellen und vor allem: Meilensteine, Termine, an denen ein Zwischenziel erreicht sein muss – Datum, Ziel und Verantwortung.

Mehrere hundert Seiten Text entstehen in der Wirtschaft selten ohne schriftliche Planung. Unwichtig ist, welche Methode man dazu nutzt, ob in der Tabellenkalkulation, in echter Projektmanagement-Software oder als Zettelwirtschaft. Alles ist in Ordnung, wenn nur nichts vergessen wird.

Für umfangreiche Recherchen, die zwei oder mehr Tage in Anspruch nehmen können, sollten Anfänger genügend Luft in ihre Planung einbauen. Es dauert immer länger, als man denkt. Dafür ergeben sich weit mehr Informationen, als man braucht.

Fragen und Lücken finden

Es beginnt wie in Detektivromanen: „Finden Sie heraus, ob..." Ob, wer, warum, wie, was, wann, womit – Recherchen beginnen mit **Fragen**. Wer ein technisches Gerät beschreibt, muss alles darüber wissen, Funktionsweise, Nutzung und Wartung. Oft sind Produkte der Mitbewerber oder Erfahrungen mit einem Vorgängermodell hilfreich. Für eine Informationsbroschüre über das Unternehmen benötigt man auch die historischen Daten, von der Gründung bis heute. Autoren, die an solchen Projekten arbeiten, fördern nicht immer nur Erfreuliches zu Tage. Was war in der Zeit von 33 bis 45? Wenn wir etwas verschweigen, was könnte davon auf Grund einer journalistischen Recherche anlässlich eines Jubiläums in der Zeitung stehen? Alles Bemühen um einen guten Eindruck wäre ruiniert. Gab es Unfälle, Schwierigkeiten mit Produkten oder die Umwelt schädigenden Herstellungsprozessen?

Nicht alle Daten, die eine Recherche beschaffen soll, werden später auch im Text auftauchen. Manches braucht man nur, um eine Argumentation abzusichern, einen Text wirklich rund zu machen. Wie im Kino: Für ein Drehbuch sollte der Autor auch den Nebenrollen eine Lebensgeschichte entwickeln. Von der Wiege bis zur Bahre, wenigstens in groben Zügen. Nur ein winziger Ausschnitt dieses Lebens wird im Film zu sehen sein, aber das „Hintergrundwissen" des Drehbuchschreibers macht diesen kurzen Auftritt in sich schlüssig, schafft einen Charakter.

Fragen können auch **Lücken** aufdecken. Ein Hersteller will in einem kurzen Text erklären, wie die neue Maschine vom Lastwagen zu heben ist. Die Nachforschung des Autors ergeben, dass man keine Gefahrenanalyse für diese Arbeit durchgeführt hat. Ein womöglich tragisches und auch kostspielges Versäumnis, sollte das Produkt aus der Verankerung rutschen und dabei Personenschäden verursachen. Welches Wissen dem Texter und der Firma fehlt, zeigt sich oft erst während der Arbeit, wenn man nicht weiß, wie eine Frage zu stellen ist oder was eine Antwort bedeutet.

Informationen beschaffen

Liegt alles Nötige bereit, müssen nur noch einige Dokumente durchgelesen werden, ist die Recherche ein Kinderspiel. Wirkliche Arbeit beginnt erst, wenn Material aus unterschiedlichen Quellen zu beschaffen ist.

Viele **schriftliche Informationen** stehen im eigenen Haus zur Verfügung: archivierte Dokumente, Broschüren, Lexika, Handbücher, Zeitungen und Zeitschriften. Anderes muss man aufspüren und herbeischaffen, in ausgiebigen Messebesuchen oder in öffentlichen Bibliotheken und Archiven. Sogar die Suche nach Worten findet nicht nur in Wörterbüchern statt: Wenn die Wortwahl für einen Text normiert ist, kann der Weg in eine Universitätsbibliothek führen, die DIN-Normen auslegt.

Aufstehen, hingehen, in Regalen suchen, anfassen und nachschlagen, das erinnert einige Profischreiber an die Postkutschenzeit. Alles steht auch irgendwo im Internet. Dieser Einwand stimmt oft, den Inhalt einer Norm kann man auch über das Fachinformationszentrum Technik in Darmstadt oder den Beuth-Verlag in Berlin[4] erfahren, ohne seinen Schreibtisch zu verlassen. Wozu braucht man ein Lexikon, wenn Datenbanken im Netz alles zur Verfügung stellen.[5] In der Tat lohnt die Anschaffung und ständige Aktualisierung vieler Nachschlagewerke nicht mehr, gegen ein geringes Entgelt ist so gut wie jede Eintragung sofort im Internet erhältlich.

Auch ein Messebesuch kann sich erübrigen, wenn Aussteller ihre Internetseiten professionell pflegen und von der Produktinformation bis zur Pressemitteilung alles bereitstellen. Doch Wunsch und Wirklichkeit liegen oft meilenweit auseinander. Das Webangebot vieler Firmen ist nicht aktuell, unprofessionell erstellt und häufig

---

4 www.fiz-technik.de, www.din.de oder www.beuth.de. Die Norm selbst ist allerdings nur in den Auslagestellen einzusehen.

5 Die Hamburger öffentlichen Bücherhallen listen über 170 zum Teil gebührenfreie Datenbanken unter www.internet-datenbanken.de. Enzyklopädien, Wörterbücher und Lexika stehen unter www.xipolis.net.

unbrauchbar. So nützlich das Web ist, vergeudet doch die Recherche dort manche Stunde mit der Arbeit im Datenmüll.

Irgendwo zwischen der traditionellen Informationsbeschaffung, Staub wegpusten von dicken Folianten und der reinen Interneteuphorie liegen die besten Pfade verborgen. Abhängig vom Thema sind sie heute näher der einen Methode, morgen der anderen. Wer sich auf einen Weg beschränkt, hat schon verloren.

> Profis stellen sich einen Werkzeugkasten zusammen. Er enthält die nützlichsten Handbücher und Lexika für den Arbeitsplatz und eine Sammlung an Internetadressen, mit denen die Suche beginnt.

Informationsbeschaffung beschränkt sich nicht auf das Lesen; und sie wird auch dem misslingen, der schon im Dialog mit seinem Computer die Erfüllung findet. Recherche ist oft auch das Gespräch mit dem, der Auskunft erteilen kann. Wenn alle Fakten vorliegen, die aus Dokumenten und Dateien zu beschaffen sind, wenn fast alle Hausaufgaben erledigt sind, dann wird es spannend: In **Interviews** oder Recherchegesprächen mit Kollegen und Informanten werden die Informationen überprüft und ergänzt.

Diese Gespräche stehen selten am Anfang, weil Interviewer schon einiges wissen müssen, um sinnvolle Fragen stellen zu können. Es ist keine leichte Aufgabe, möglichst nichts zu vergessen, alle wichtigen Informationen zu erhalten – alles in einer kooperativen Atmosphäre. Verhöre im Kriminalfilm wären ein schlechtes Vorbild für professionelle Recherche, denn oft will man mit seinem Gesprächspartner auch in Zukunft gut zusammenarbeiten. Voraussetzungen sind, dass man dem anderen nicht die Zeit stiehlt, gründlich plant und einen durchdachten Fragenkatalog entwickelt.[6]

Wie Besuch und Interview müssen auch telefonische Anfragen gut geplant sein, denn jeder Anruf kann den anderen stören und belästigen. In Entwicklungsabteilungen sind es oft die kompetentesten Mitarbeiter, die am meisten unter telefonischen Nachfragen zu leiden haben. Beim Telefon entscheidet der **Anrufer,** wann sich sein

---

6 Baumert, Andreas: Interviews in der Recherche. Redaktionelle Gespräche in der Informationsbeschaffung. (Arbeitstitel) Wiesbaden: Westdeutscher Verlag, 2003.

Gesprächspartner mit dem Thema beschäftigen muss, ob es diesem gerade passt oder nicht. Telefonanrufe können deswegen stören, nicht aber die E-Mail, weil der **Empfänger** entscheidet, wann er sich damit beschäftigen wird. Die elektronische Post kann aber auch der falsche Weg sein, wenn der Empfänger nicht gerne schriftlich antwortet. Eine für jeden Partner günstige Form der Nachfrage gibt es leider nicht.

Andere Wege der Nachforschung sind Umfragen mit **Fragebogen.** Solche Aktionen können gut verwertbare Rückmeldungen geben, sie werden allerdings oft überschätzt.

(1) Die Rücklaufquote ist gering, wenn man nicht dafür sorgen kann, dass der Gesprächspartner den Bogen auch ausfüllt und abgibt.

(2) Die Befragten sind misstrauisch, wenn die Befragung personalisiert werden kann, einige befürchten Nachteile, wenn sie ihre Meinung offenbaren.

(3) Auch die schriftliche Befragung ist ein Handwerk, das man erst einmal erlernen muss. Wer falsch fragt, erhält eben auch keine brauchbaren Antworten.

Ein Fragebogen hat gute Chancen sein Ziel zu erreichen, wenn er so gestaltet ist, dass ihn
• der **Befragte** schnell ausfüllt und
• der **Interviewer** leicht auswertet.

Damit es schnell geht, beschränkt man sich auf eine DIN A4-Seite. Je umfangreicher der Bogen ist, desto geringer ist die Bereitschaft zu antworten.

Die Fragen müssen so gestellt sein, dass die Antworten fix auszuwerten sind, am besten mit der EDV. Ein Beispiel ist die schriftliche Befragung zur Akzeptanz der Hauszeitschrift:

Das Lay-out der Zeitschrift

☐	☐	☐	☐
gefällt mir	geht	gefällt mir nicht	ist hässlich

oder

Wie finden Sie das Lay-out der Zeitschrift?

☐	☐	☐	☐
++	+	-	- -

Beides ist möglich, es sind Frageformen, die der **geschlossenen Frage** nahe kommen. Man kann nur *ja* oder *nein* ankreuzen oder eine von wenigen Alternativen wählen. Eine gerade Anzahl der Antwortmöglichkeiten erzwingt übrigens die Entscheidung. Bei ungeraden entscheiden sich die Befragten oft für den Mittelweg.
Ungünstiger wäre eine **offene Frage:**

Wie finden Sie das Lay-out der Zeitschrift?

_____

_____

_____

Diese Lösung ist weniger tauglich, weil die Texte der Antwortenden keine vergleichbaren Resultate erbringen. Außerdem überlässt diese Art Frage dem Auswertenden die Aufgabe, herauszufinden, was der Befragte meint. Nicht jeder kann sich sprachlich so ausdrücken, dass man es schnell zusammenfassen kann. Die Auswertung von Bogen mit vielen solcher Fragen kostet unnötig Zeit und bringt keine sauberen Ergebnisse.

> Versuchen Sie, geschlossene Fragen zu stellen, seien Sie sparsam mit offenen Fragen. Verwenden Sie eine gerade Anzahl von Alternativen. Meistens reichen vier Antwortmöglichkeiten. Sie zeigen, ob das Ergebnis im grünen Bereich ist oder im roten. Mehr will man selten wissen.

Eine andere Recherchequelle ist der **Test.** Autojournalisten wollen sich in das neue Modell setzen, es erleben und fahren. Profitexter schauen Produkte an – nicht nur auf Fotografien. Sie experimentieren und testen, wenn es die Umstände gestatten. Im Büro des Texters steht manchmal ein Prototyp auf dem Tisch: Ausprobieren und ein Gefühl für die Ware entwickeln.

Tests werden oft unterschätzt. Manchem Text sieht man an, dass der Autor über eine ihm unbekannte Welt berichtet. Wenn Autoren die Leistungsmerkmale neuer Produkte beschreiben sollen, können die Entwickler das Experiment auch in die Qualitätskontrolle integrieren.

Wer über ein Produkt schreibt, ist oft auch ein kritischer Nutzer, der Mängel am Design und an der Ausführung entdecken kann, bevor der Kunde sie bemerkt.

Gegenprüfen

Recherchen führen oft zu falschen Ergebnissen. Drei Gründe für Netz und doppelten Boden:
(1) Interessenlage,
(2) Irrtum, Fehleinschätzungen und
(3) Wertesystem.

Profis nehmen Quellen und Fakten nicht für bare Münze, solange sie diese nicht kontrollieren konnten.
(1) Niemand veröffentlicht irgendetwas ohne eigenes **Interesse.** Das allerdings ist oft unbekannt: Der erste Grund, die Quellen zu überprüfen.
(2) **Irrtümer und Fehleinschätzungen,** denen schon andere aufgesessen sind, kann der Recherchierende auf den ersten Blick selten erkennen. Drei Beobachter eines Verkehrsunfalls schildern drei unterschiedliche Situationen. Keiner lügt, nur hat jeder das Geschehen anders wahrgenommen.
Nicht nur andere irren sich. Falsche Einschätzungen und Fragen führen auf Irrwege, sind eigenes Verschulden, das nur hartnäckiges Nachbohren aufdeckt.
(3) Schließlich wirken sich **Wertesysteme** und vergleichbare Ausrichtungen – politisch, wissenschaftlich, kulturell – auf die Berichterstattung aus. Man muss diese Orientierungsrahmen kennen, um Informationen einstufen zu können.

Eine Quelle nimmt den vordersten Platz unter den üblichen Verdächtigen ein: Das Internet ist reich an Halbwahrheiten, faustdicken Lügen, Irrtümern und Unsinn. Besonders schwer zu überprüfen sind Texte, die einer vom anderen abschreibt. Mehrere Fundstellen der gleichen „Information" sagen noch lange nichts über den Wahrheitsgehalt aus.
Andere Kandidaten für berechtigtes Misstrauen sind Zeitungen und Zeitschriften, die deutlich interessenorientiert berichten. Da-

runter fallen vor allem solche Fachzeitschriften, die mit kleiner Redaktion viele Seiten produzieren, meist Werbung und PR-Material der Industrie. Da hilft nur die kritische Gegenprüfung:

> Je wichtiger Informationen für die eigene Argumentation sind, desto unerlässlicher ist eine genaue Kontrolle der Quellen und Fakten.

Archivieren

Einige Jahre Textproduktion fördern bergeweise Material zu Tage, das irgendwie zu ordnen und vorzuhalten ist. Die Eigenproduktionen, fertige Texte, sind nur ein Bruchteil davon. Niemand will in einem Jahr alles noch einmal zusammentragen müssen. Wie schafft man es, möglichst keine Rechercheergebnisse zu verlieren? Kein Problem für alle, die ein komfortables Dokumenten-Management-System, Redaktionssystem oder dergleichen nutzen können. Die anderen müssen sich selber helfen.

Eine Registratur aus Papier kann mit dem vom Internet getriebenen Informationsaufkommen nicht mithalten. Ohne EDV geht es nicht mehr. Im Vorteil sind Texter, die den Umgang mit einer relationalen Datenbank erlernt haben. Datenbanken sind etwas für jeden, der eine Arbeit nur einmal erledigen will. Die Software ist preisgünstig zu erwerben, ein einfaches Datenmodell ist schnell gestrickt und eingegeben. Es kann mit den Anforderungen wachsen. Ist es sauber dokumentiert, können mehrere in einem Textbüro oder einer Redaktion daran arbeiten.[7]

Datenbanken sind nicht jedermanns Sache. Für die anderen Autoren empfiehlt sich eine Tabellensoftware. Art der Information, Bewertung, Herkunft, Datum der letzten Änderung und Speicherplatz sind das Minimum der Einträge für jede Information.

4.5 Gliedern und strukturieren

Der Recherche, der zielgerichteten Stoffsammlung, folgt die Anordnung des Materials, das im Text zur Wirkung kommen soll. Kei-

---

7 Über die Datenbank in der Redaktion informiert Kapitel 6.2, Schreiben im Team.

ne Struktur könnte in allen Fällen gleich nützlich sein. Profis müssen mehrere Varianten erlernen, alte Pfade verlassen und neue Wege gehen.

Man kann grob zwei Gliederungstypen voneinander abgrenzen. Sie unterscheiden sich in erster Linie darin, welcher Aspekt für den Erfolg des Textes maßgeblich ist:
(1) Sachorientierung oder
(2) Lesesituation und Leseinteresse.

Die unterschiedlichen Gliederungstypen stehen nicht in Widerspruch dazu, dass alle Varianten gleichermaßen am Leser orientiert sein müssen und die Corporate Identity kommunizieren sollen.

Sachorientierung

Wenn die Sache selbst eine Struktur vorschreibt oder nahe legt, sind dem kreativen Autor Grenzen gesetzt. Man kann eine Rechnung übersichtlich gestalten, sie mit einigen persönlichen Worten ausschmücken, doch im Wesen sind alle Rechnungen gleich: Sie enthalten Leistungen, Auftrags- und Rechnungsnummer, Kundennummer, Beträge, Bankverbindungen, Zahlungsziel und einige weitere gesetzlich vorgeschriebene Informationen. Untypische Rechnungen könnten eher verwirren. Wenn es um Leistungen und Zahlungen geht, will der Kunde nicht mit Lametta genervt werden. So sieht es mit vielen anderen Texten aus, die täglich auf Tastaturen eingegeben werden. Es sind völlig unproblematische Dokumente, für die der Buchmarkt genügend Textbeispiele bereithält.

Auch die Strukturen von Protokollen, Memos und vielen anderen betriebsinternen Dokumenten sind vor allem aus dem Sachzusammenhang bestimmt. Ein Protokoll listet Tagesordnungspunkte, Redebeiträge oder Beschlüsse, je nach Protokolltyp. Man kann es übersichtlich und lesefreundlich gestalten, an der Abfolge der Inhalte selbst ändert sich nichts.

Allzu viel gestalterische Kreativität wäre auch Gift für alle Bedienungsanleitungen und ähnliche Texte. Seit Erscheinen der DIN EN 62079 sind Gliederungen der produktbegleitenden Literatur, die Nutzern als Anleitung dient, nicht mehr dem Talent des Autors überlassen. Die Norm legt sich zwar nicht auf eine für alle Fälle geltende Dokumentstruktur fest, enthält aber ein Beispiel, das richtungsweisend ist:

(1) Inhaltsverzeichnis
(2) Identifizierung (Hersteller, Produktname...)
(3) Produktbeschreibung (bestimmungsgemäße Verwendung, Abmessungen, Energieverbrauch, Sicherheitsinformationen...)
(4) Definitionen
(5) Vorbereitung für den Gebrauch (Transport, Installieren...)
(6) Betriebsanleitung
(7) Instandhalten und Reinigen
(8) Optionale Module und Extras
(9) Instandhaltungsdienst und Reparatur durch den Kundendienst
(10) Liste der Ersatzteile und Gebrauchsgüter
(11) Außerbetriebnahme des Produkts
(12) Stichwortverzeichnis[8]

Diesen Gliederungstyp muss der Autor nur an sein Produktumfeld anpassen und durch das Material aus seiner Recherche ergänzen. Die Arbeit ist nicht trivial, das Dokument selbst kann Tausende von Seiten umfassen. Seine Struktur wird aber etwa dem Modell der Norm entsprechen, wenn der Hersteller nicht das Risiko der Niederlage in einem denkbaren Rechtsstreit eingehen will.

Vergleichbar bieten juristische oder von juristischem Rat entscheidend geprägte Texte nur wenig Freiraum in der Struktur. Nicht nur die für Laien schwer verständlichen Gesetzestexte sind ein Ärgernis, häufig folgen auch Beipackzettel für Medikamente dem Rat und Sprachgebrauch der Juristen. Ganz ähnlich ist das Kleingedruckte auf der Rückseite eines Vertrages ein juristischer Code, den der Laie nicht verstehen kann. In diesen Bereichen braucht man keine Profitexter, man beauftragt Rechtsanwälte.

Auch wissenschaftliche Veröffentlichungen verzichten auf gestalterisches Geschick. Publikationsregeln in Forschungseinrichtungen und wissenschaftlichen Zeitschriften standardisieren Textstrukturen, um die maschinelle Verarbeitung zu unterstützen und die Kom-

---

8 DIN 62079, Anhang D, S. 42.

munikation der Wissenschaftler zu erleichtern. Vergleichbar kreativitätsfeindlich bestimmen an Universitäten und Fachhochschulen meist Prüfer und Prüfungsausschüsse die Gestalt der Examensarbeiten. Bei diesen Texten ist die Gliederung das geringste Problem.

Lesesituation und Leseinteresse

Für alle anderen Textformen ist entscheidend, wie der Leser dem Text begegnet. In welcher **Situation** liest man? Am Strand, im Sessel, in der Straßenbahn oder am Schreibtisch? Jede Umgebung schafft eigene Lesebedingungen, verträumtes Schmökern, schnelles Blättern oder zielorientiertes Suchen.

Es ist nicht zu viel verlangt, wenn Autoren einige Situationen durchspielen sollen, wenigstens als Gedankenexperiment. Möchte ich so etwas lesen? Hätte ich die Zeit dazu? Würde mich das interessieren, wenn ich...?

Geschäftliche Korrespondenz bearbeiten Adressaten meist schnell und routiniert. Wenige Blicke auf das Wesentliche reichen, und der Brief wandert in die Ablage, geht auf Wiedervorlage oder landet im Müll. Kaum jemand liest so etwas mit Genuss. Obgleich jeder Autor, der doch selbst auch Leser ist, dieses Schicksal seiner Schreiben kennt, entsteht genügend lieblos geschriebenes Zeug wie dieser Brief eines Geldinstituts, dem die neue EC-Karte beigefügt ist:

»Sehr geehrte Kundin, sehr geehrter Kunde,
wir freuen uns, Ihnen Ihre neue EC-Karte zu überreichen. Diese EC-Karte können Sie ab sofort wie gewohnt mit Ihrer bisherigen Geheimzahl für vielfältige Serviceleistungen nutzen...«

Diese Zeilen lesen die meisten Kunden, nachdem sie ihren Hausbriefkasten gelehrt haben, morgens, wenn noch allerhand zu erledigen ist oder abends, wenn nach der Arbeit etwa Ruhe einkehrt. Kinder, Wohnung und Hobbys warten.

Schon die Anrede ist langweilig, wer mit den *Sehr geehrten* beginnt, kann auch mit einem *Hochachtungsvoll* enden. Einfallslose Textgestaltung aus der Kaiserzeit. Dass die technischen Möglichkeiten der Bank nicht ausreichen, einen echten Serienbrief zu produzieren, ist peinlich genug. Versandhäuser können heute ihre Kunden mit Namen ansprechen: *Guten Tag, Herr Müller.*

Das Beispiel zeigt, wie man es nicht macht. Dass sich der Absender *freut,* seinen vertraglichen Verpflichtungen nachzukommen, klingt wie Hohn. Was hat der Empfänger davon, warum sollte er weiterlesen? Der zweite Satz gibt dem Brief den Rest, ebenso könnte dort stehen: Alles bleibt so, wie es war. Man hat es nur etwas komplizierter ausgedrückt, spricht nicht vom *Service* oder von *Leistungen,* sondern von *Serviceleistungen.* Was es damit auf sich hat, zeigt das Adjektiv: *Vielfältig* ist, was die Bank anbietet.

Eine gute Chance für wirkliche Kommunikation mit dem Kunden ist vertan. Post von der Bank mit der neuen EC-Karte wäre genug Grund, genauer hinzuschauen und die Botschaften des Unternehmens bei dieser Gelegenheit kennen zu lernen. Doch schon die Struktur dieses Textes schafft eine überflüssige Distanz zum Leser, der die aufgeklebte Karte abnehmen und sich schnell Interessanterem zuwenden wird.

Je weniger **Interesse** ein Leser dem Text entgegenbringt, desto schwerer ist die Aufgabe für den Autor zu lösen. Beispiel Werbung: Werbetexter müssen ihre Arbeitsergebnisse in das Konzept für eine Anzeige oder Kampagne integrieren, ein Mix aus Grafik, Bild, Überschriften und Gestaltung. Die Idee muss in sich stimmig sein, sie muss die Aufmerksamkeit des Betrachters erregen und ihn dazu bringen, die Anzeige wahrzunehmen. Erst wenn die Aufmerksamkeit des Lesers gewonnen ist, können Texte Botschaften übermitteln.

Werbung

Über hundert Jahre alt, ein Klassiker der Werbung, der mit Einschränkungen auch für Textstrukturen taugt, ist die AIDA-Formel. Die vier Buchstaben stehen für:

A	Attention	Aufmerksamkeit erregen,
I	Interest	Interesse wecken,
D	Desire	Wunsch zu Aktion (Kauf oder Handlung) auslösen und
A	Action	Handlung verursachen.

Leicht zu handhaben und sehr eingänglich, dennoch ist die Formel umstritten. Als Richtlinie für eine Gliederung ist sie nur bei kurzen Texten sinnvoll einzusetzen. Längere können nicht darauf verzichten, die Aufmerksamkeit bis zum letzten Satz immer wieder aufs Neue zu erregen. Auch die strikte Trennung zwischen Aufmerksamkeit und Interesse ist künstlich und wenig nützlich.

Viele Anzeigentexte ähneln dem typischen AIDA-Zuschnitt: Zum Hinsehen veranlassen, interessieren, Argumente zum Weiterlesen und schließlich Aufforderung zu Kauf, Engagement, Stimmabgabe bei Wahlen oder Kontaktaufnahme:

> »Die einzige Margarine, die Ihren Cholesterinspiegel senken kann.
> ... enthält Pflanzensterine, die auf natürliche Weise die Cholesterinaufnahme im Körper blockieren.
> Wissenschaftlich belegt: Täglich 20–25 g ...
> Internetadresse und Telefonnummer.«

Was veranlasst einen Leser zum Hinsehen, was zieht ihn in den Text? Neben der attraktiven Abbildung und der Farbgebung wirkt ein Satz, eine Überschrift oder ein Aufschrei. Irgendetwas, das betrifft und berührt. Selbstverständlich muss der **erste Satz** den Leser dort abholen, wo er sich befindet. Allein aus diesem Grund ist es selten ein großer Wurf, mit dem Pronomen *wir* zu beginnen und über den Schreiber zu berichten: *Wir freuen uns...*

Presse

Zu Zeiten des Bleisatzes gossen Setzmaschinen Zeile für Zeile im Stück oder buchstabenweise. Beiträge für die Zeitung bestanden materiell aus einer Anzahl Bleizeilen. Wenn ein Artikel zu lang war, konnte man die letzten herausnehmen und ihn mühelos auf das erwünschte Maß trimmen. Je näher ein Satz am Ende stand, desto wahrscheinlicher war es, dass er Kürzungen zum Opfer fiel. Daraus musste man die Konsequenzen ziehen: Das Wichtigste immer nach vorn. Vom Wichtigen zum Unwichtigen schreiben.

Diese Regel gilt auch heute, obgleich die Verlage ihren Bleisatz längst durch Computer ersetzt haben. Moderne Redaktionssysteme lassen alle Möglichkeiten, den Text bis kurz vor dem Druck zu verändern. Heute sind die Lesegewohnheiten der entscheidende Grund, das Wichtige an den Anfang zu stellen. Die Beiträge im Blatt stehen im Wettbewerb zueinander. Der Kunde liest an und wird nur dann fortfahren, wenn die Nachricht

• Neues,

- Wichtiges und
- Interessantes bietet.

Wenn nicht, geht er zum nächsten Text. Um das Spiel zu gewinnen, müssen die ersten Sätze die entscheidenden Fragen beantworten: Wer hat wem was wann wo wie und warum getan, die **W-Wörter** oder **W's**. Wie so vieles in der Textproduktion sind auch die W's uralt, sie gehören zum Repertoire der klassischen Rhetorik: „Bei allem nun, was getan wird, dreht es sich um die Fragen: Warum?, wo?, wann?, wie? und mit welchen Mitteln? ist es getan worden?"[9]

Die „richtige" Reihenfolge der klassischen Nachricht:

(1) W-Fragen.
(2) Quelle: woher stammen die Informationen?
(3) Weitere Einzelheiten.
(4) Hintergrund und Zusammenhänge.

Eine Nachricht zur Grippe-Impfung sagt sofort, wer wem was wann warum empfiehlt und gibt anschließend weitere Einzelheiten:

»Berlin, 19. September (AFP) – Ältere und kranke Menschen sollten sich auf Empfehlung des Robert Koch-Instituts (RKI) in den nächsten Wochen gegen die Virusgrippe impfen lassen. Für gesundheitlich angeschlagene und ältere Menschen nämlich stelle eine Infektion eine besondere Gefahr dar, wie das Institut am Donnerstag in Berlin mitteilte. Bei ihnen komme es im Krankheitsverlauf häufig zu Komplikationen wie etwa einer Lungenentzündung, die tödlich enden könne. Da die meisten Krankheitsfälle zwischen Dezember und April auftreten, wird eine Impfung im Oktober oder November empfohlen. Schwere Nebenwirkungen seien wegen der guten Verträglichkeit der verfügbaren Grippeimpfstoffe nicht zu befürchten.«

Positionierung im Blatt, Überschrift, Abbildungen und Farben lenken die Aufmerksamkeit auf den Artikel. Dabei sind die Redaktionen nicht immer zimperlich, besonders die Spezialisten für Überschriften:

»Monster mit messerscharfem Maul
  Gefährlicher Fund am Deich: Schnappschildkröte frisst alles, was ihr in den Weg kommt«[10]

---

9 Quintilian, Band 1, S. 559.
10 Nordwest-Zeitung, 13. September 2002.

> Gelungene Werbung und Nachrichten in der Presse zeigen beispielhaft,
> wie man Leser in einen Text zieht und zum Weiterlesen anregt.

4.6 Wortwirkungen

Wenn die Struktur steht, beginnt die Arbeit am Text, im Idealfall. Manchmal geht man auch anders vor, hat nur vage Vorstellungen von der Gliederung, startet mit einem Kapitel, zu dem sofort etwas einfällt. Welchen Weg man auch geht, der erste Entwurf ist selten die Endfassung. Was muss geschehen, damit aus dem groben Block eine ansehnliche Figur wird?

Für Autoren, die verständliche Texte schreiben wollen, stellen sich viele Fragen nicht, die sonst in Stilistiken behandelt werden. Kryptische Konstruktionen verbieten sich nicht wegen ihrer Hässlichkeit, sie sind tabu, weil der Leser sie nicht begreift. Doch das Verstehen allein reicht nicht, Profitexte sollen gut und attraktiv sein, vielleicht sogar exzellent.

Eine Frage des Stils

Was ist stilistisch gut und richtig, was falsch? Die meist genannten Stilratgeber: Schneider, Reiners, Glunk und einige Bücher des Dudenverlags geben Hilfen zur richtigen Nutzung der Wörter, zum angemessenen Satzbau. Auch Profis suchen darin nach Lösungen für kleine Probleme, die sie sich beim Schreiben selbst eingebrockt haben. Meistens ist es nicht Unwissen, sondern eine tückische Betriebsblindheit: Je länger man über ein Wort nachdenkt, desto weniger gewiss ist sein korrekter Gebrauch. Ohne Stilistiken am Schreibtisch geht es also nicht.

Vorsicht ist aber angebracht. Was ist korrektes und gutes Deutsch? Wortwahl und Satzbau verändern sich, grammatische Formen geraten außer Mode, andere machen sich breit. Jede Stilistik friert einen Zustand der deutschen Sprache ein und beschreibt ihn. Mehr noch, sie will vorschreiben, dass man so und nicht anders zu schreiben habe. Schlimmstenfalls versucht sie einen längst entschlafenen Sprachstatus zu reanimieren.

»Bükest du einen Kuchen, ... schwömme doch ein Fischlein ...«

Skurrile Formen eines vergangenen Sprachzustandes, die sich für die Witzseite eigenen. Kaum jemand schreibt heute: *Gesperrt wegen Glatteises.* Wir wissen, dass *wegen* den Genitiv fordert und sperren die Straße dennoch *wegen Glatteis.* Verbgebrauch, Konjunktiv, Zeitenfolge, Präpositionen: Nichts scheint den Schreibenden von heute mehr heilig. Doch Grund zur Panik besteht aus zwei Gründen nicht.

(1) Die Vorstellungen von einem korrekten Sprachgebrauch sind von den klassischen Sprachen geprägt, vom Latein und dem Altgriechischen. Diese Sprachen haben den Vorteil, dass sie vor Veränderungen geschützt sind. Caesar ist tot, die Sprecher des klassischen Latein sind ausgestorben – mit wenigen Ausnahmen, etwa Altphilologen. Als Beispiel für eine logische Grammatik und gute stilistische Strukturen gilt also, was sich nicht mehr wehren kann.

(2) Sprache lebt und verändert sich, nicht nur zum Schlechten. Dass sprachliche Mittel heute anders genutzt werden als vor fünfzig Jahren, heißt nicht zwangsläufig, die alten Formen wären den neuen überlegen. Aus diesem Grund sind Stilistiken dann besonders nützlich, wenn sie von den Verfassern regelmäßig überarbeitet und dem aktuellen Sprachstand angepasst werden. Dann fällt auch die Entscheidung leichter, ob Veränderungen akzeptabel sind oder nicht.

Verletzungen alter Regeln sind kein Sakrileg. Ein Text über professionelles Schreiben, darin ein Satz ohne Verb. Warum nicht? Längst haben journalistische Arbeiten und Werbetexte die Wahrnehmung der Leser verändert. Wohl dosiert ist vieles möglich und attraktiv, das dem Pädagogen aus Rühmanns Feuerzangenbowle die Tränen in die Augen triebe.

Profitexte sind Gebrauchstexte, keine Literatur. Sie sind aber auch keine Klassenarbeiten. Der angemessene Stil **orientiert sich am Leser,** scheut literarische Extravaganz und folgt nicht immer der langweiligen Korrektheit des Deutschunterrichts.

Wörter wählen

Wie findet man die richtigen Wörter, solche, die beim Leser auch die gewünschte Wirkung erzielen, die nicht langweilig sind, den Text veredeln ohne spleenig und überdreht zu wirken? Der erste Weg ist die Suche nach Synonymen oder benachbarten Wörtern.

Synonyme oder Wörter mit ähnlicher Bedeutung

Ausgenommen bei Gebrauchsanleitungen und ähnlichen Texten, die sicherheitsrelevant sind, gilt die alte Regel, dass Abwechslung erfreut. Langweiliges Einerlei entsteht ganz automatisch, wenn die Gedanken schnell getippt werden. Immer das gleiche Wort, beispielsweise in einem Absatz dreimal *automatisch*. Erst später, wenn man den Text liest, fällt die ermüdende Wiederholung auf.

Jetzt nutzt ein Synonymlexikon[11] oder der Thesaurus der Textverarbeitung, der in diesem Fall[12] acht Alternativen anbietet.

Mit einigen zusätzlichen Nachschlagewerken lässt sich die Auswahl schnell erweitern. Für jeden Eintrag finden sich neue Ergänzungen.

Wenn die Zeit reicht, hilft eine Anordnung nach Bedeutungsunterschieden. Ein Beispiel: In Nachrichtentexten tauchen ständig Personen auf, die etwas sagen. Ein guter Grund, Alternativen für das Wort *sagen* zu suchen.[13]

---

11 Duden, Die sinn- und sachverwandten Wörter, bietet an: selbsttätig, wie ein Automat, unwillkürlich, von selbst, zwangsläufig, mechanisch, ohnehin, schematisch. Vergleichbar das Krüger Lexikon der Synonyme. Oft ergänzen sich die beiden Wörterbücher.

12 Geschrieben mit Microsoft® Word 97.

13 Linden, Peter: Wie Texte wirken. Anleitung zur Analyse von journalistischer Sprache. Frankfurt am Main: Zeitungs-Verlags-Service, 1998, S. 18–20.

Unterscheidung nach Wahrheitsgehalt:

gestehen	...	übertreiben
zugeben	...	vortäuschen
einräumen	...	lügen
...	...	...

Unterscheidung nach Lautstärke:

flüstern	wispern	...	schreien	brüllen
hauchen	piepsen	...	kreischen	grölen
			johlen	
			krakeelen	

Das Wortfeld *sagen* reicht von *stammeln* bis *ausführen*, von *protestieren* bis *bekräftigen*. Peter Linden findet 97 Alternativen. Das reicht, um Wiederholungen und Einheitsbrei zu vermeiden.

Erste Softwareprodukte sind auf dem Markt, die dem Anwender Arbeit abnehmen, Worthäufigkeiten berechnen und auflisten. Der Praxisteil enthält Tipps, wie schon die Textverarbeitung zu diesem Zweck genutzt werden kann.

Sparsam mit Tabellenführern und Trittbrettfahrern

Das Institut für deutsche Sprache in Mannheim bietet eine **Liste mit den häufigsten Wörtern** im Deutschen an.[14] Acht Wörter des voranstehenden Satzes führen die Tabelle an, sind unter den ersten 50: *an, das, den, eine, für, im, in, mit*. Je mehr Ausdrücke ein Text enthält, die auf den ersten Plätzen dieser Aufstellung sind, desto langweiliger wird er. Alternative: *Das Mannheimer Institut für deutsche Sprache listet, wie häufig Wörter im Deutschen vorkommen.* Dieser Satz benutzt nur vier der häufigsten und liest sich etwas gefälliger: *Das, für, wie, im.*

Trittbrettfahrer sind die völlig überflüssigen Blähwörter, zum Beispiel das Wort *völlig* in diesem Satz. Jeder Autor hat seine eigenen Kandidaten, die sich nervtötend immer wieder in den Text mogeln. Zu allem Überfluss verschwinden sie irgendwann und lassen anderen den Vortritt, wie die Melodie, die einem tagelang nicht aus dem

---

14 Im Internet unter: http://www.ids-mannheim.de/kt/30000wordforms.dat – Eine Liste der 50 häufigsten Wörter enthält der Praxisteil.

Kopf gehen will. Man kann sie nur finden und beseitigen, wenn sie auf einer Liste stehen, die regelmäßig aktualisiert wird.

Neben der Jagd auf Blähwörter kann auch die auf unnötige Vorsilben einen Text veredeln, von *an-* bis *un-*. Wer *anmietet, mietet,* wem *Unkosten* entstehen, der hat *Kosten* zu tragen.

Was der Entschlackung eines Textes dient, trägt auch zu seiner Verständlichkeit bei. Beim Überarbeiten des Geschriebenen trennt sich der Autor von Überflüssigem, ohne dass Inhalte verloren gehen.

Wörter für Kunden

Je mehr Auskunft die Leseranalyse über den Kunden gibt, desto zielsicherer kann der Texter Wörter auswählen, die bei diesem Leser „ankommen". Dabei kann man für den Anfang gut die vier Lesertypen nutzen, die Hans-Peter Förster vorschlägt: Perfektionisten, Konservative, Impulsive, Emotionale. Diesen unterschiedlichen Charakteren hat er Wortlisten auf den Leib geschrieben.

Perfektionist:	Konservativ:	Impulsiv:	Emotional:
hoch	alt	sonnig	rund
groß	ruhig	nackt	bergig
quadratisch	schweigsam	bunt	warm
spitz	still	farbig	oval
...	...	...	...

Viele dieser Überlegungen stimmen und treffen auf den Punkt.[15] Die Typologien der Marktforschungsinstitute (Kapitel 1.5, Leseranalyse) lassen jedoch vermuten, dass vier Kategorien zu stark vereinfachen und nicht ausreichen.

> Je besser die Interessen und Eigenschaften der Leser bekannt sind, desto genauer kann man die treffenden Wörter wählen. Dabei ist das Sprachgefühl hilfreicher als vorgefertigte Wortkataloge.

---

15 In der Ausbildung erzielen die Methoden Försters gute Ergebnisse. Sie dienen dazu, dass Anfänger den Blick für die Wortwahl schärfen. Weitere Hinweise dazu enthält das Literaturverzeichnis.

Kooperativ formulieren

Die Werbung für ein Computerprogramm verspricht „... *neue Leistungsmerkmale, die mit der Version 6 des Betriebssystems aktiviert werden können.*" Nicht für jeden Kunden hört sich das gut an, einige lesen mit Recht:

>»Wenn Sie Version 5 des Betriebssystems nutzen, wird Ihnen unsere Software nichts Neues bringen. Schaffen Sie für Ihre Rechner erst neue Systemsoftware an. Den Preis dafür – mit allen zusätzlichen Ausgaben, Installation, Schulung, Aktualisierung anderer Softwareprodukte – müssen Sie gegebenenfalls zu dem unserer Software addieren. Dann haben Sie eine realistische Vorstellung vom Preis-Leistungs-Verhältnis unseres Produktes.«

Dieser Software-Werbung argumentiert also nicht redlich, denn die Kosten können erheblich sein. Der Autor hat seinem Leser eine Mogelpackung untergeschoben – ein kurzfristiger Erfolg, vielleicht Schmunzeln in der Chefetage des Herstellers. Doch wer so schreibt, setzt seine Glaubwürdigkeit aufs Spiel.

Im Gespräch, beim Schreiben und Lesen, gelten einige Prinzipien, die man einhalten muss, damit eine kooperative Atmosphäre herrscht:

Umfang:
Alle Informationen geben, die in diesem Zusammenhang nötig sind.
• Nicht mehr als erforderlich sagen oder schreiben.
Qualität:
• Nichts texten, das man selbst für unwahr hält.
• Nur behaupten, was man belegen kann.
Relevanz:
• Beim Wesentlichen bleiben.
Ausdruck:
• Klar und deutlich formulieren.
• Verhüllende Ausdrucksweisen vermeiden.
• Keine Mehrdeutigkeiten.
• Textumfang der Situation anpassen.
• Angemessen strukturieren.[16]

---

16 Nach Grice, H. Paul: Logic and Conversation. In: Cole, Peter; Morgan, Jerry L. (Hrsg.): Speech Acts. Syntax and Semantics, Vol. 3. New York, 1975, S. 41–58.

Verletzt man eines dieser Prinzipien, kann der Leser daraus eine stille Folgerung ziehen. Das ist gang und gäbe, beispielsweise in Arbeitszeugnissen. Der Satz „Wegen seiner Pünktlichkeit war er stets ein gutes Vorbild", passt nicht in das Urteil über einen Erwachsenen. Pünktlichkeit ist selbstverständlich, das Zeugnis enthält also mehr Informationen, als nötig wären – eine Verletzung des Umfangsprinzips. Sie lässt den erfahrenen Leser zu einem Schluss kommen, der explizit nicht im Zeugnistext enthalten ist: Wenn man selbstverständliche Verhaltensweisen eines Mitarbeiters hervorhebt, wird man sonst nichts über ihn sagen wollen, der Mensch hat an seinem Arbeitsplatz versagt.

Jeder Leser beherrscht mehr oder weniger die Kunst des Zwischen-den-Zeilen-Lesens.[17] Damit können Autoren kreativ umgehen, den Leser zu Folgerungen veranlassen, die sie wortwörtlich nicht zu schreiben brauchen. Oder man kann diese Folgerungen zu unterdrücken versuchen, indem man zwar alles sagt, es aber so ausdrückt, dass negative Aspekte verschleiert werden. Der Beispielsatz über die neue Software ist typisch, vergleichbar dem Kleingedruckten oder den versteckt auf der Anzeige platzierten Preisen. Was auch immer beabsichtigt ist, die Wirkung auf den Leser kann man nicht kontrollieren, solche Tricks können das Ziel verfehlen, das Gegenteil erreichen.

> Vorsicht beim Spiel mit den Prinzipien kooperativer Kommunikation. Wer gegen eines verstoßen muss, weil etwas nicht offen gesagt werden darf, sollte in Gedanken durchspielen, welche stillen Folgerungen Leser ziehen könnten.
> Die besten Texte sind diejenigen, denen man anmerkt, dass einer sagt, was er denkt: authentische Texte.

4.7 Hilfe, ich sitze fest!

Alle Hausaufgaben erledigt, Material zusammengestellt, es sieht komplett aus – und dann das: Eine halbe Seite geschrieben, durch-

---

17 von Polenz, Peter: Deutsche Satzsemantik. Grundbegriffe des Zwischen-den-Zeilen-Lesens. Berlin: de Gruyter, 1985.

gelesen, irritiert. Nein, so geht es nicht. Text durchgestrichen oder markiert und gelöscht, einmal, zweimal, dreimal. Der Abend kommt, und nicht eine Seite ist fertig. Panik.

Fast jeden erwischt es, manche öfter als andere. Trotz Vorbereitung geht nichts, eine Lähmung setzt die Produktion außer Kraft. Was den Schülern und Studenten die Prüfungsangst, ist dem Texter die Schreibblockade. Sie erwischt Autoren in allen denkbaren Situationen – Journalisten, Werbetexter, Wissenschaftler – und macht auch vor den Großen nicht Halt. Der Nobelpreisträger Bertrand Russell klagte: „Den ganzen Tag über, nur kurz durch das Mittagessen unterbrochen, stierte ich auf den leeren Bogen. Oft war er am Abend noch ebenso leer."[18]

Ursachen erkennen

Gegen Schreibstörungen nutzt kein Trick, wenn die Ursachen

(1) Lebenskrisen,

(2) externe Störungen,

(3) mangelndes Wissen,

(4) die Komplexität des Themas sind.

So lästig Blockaden sind, gelegentlich geben sie auch Nachricht über Störungen und Prozesse im Hintergrund. Dann hilft kein Laborieren an den Symptomen, entweder muss man das Übel an der Wurzel packen oder abwarten, bis es seine Wirkkraft verliert.

(1) Wenn schwere **Krisen,** Sorge um den Arbeitsplatz, Existenzangst, Krankheit und Schicksalsschläge die Arbeitskraft beeinträchtigen, ist gut gemeinter Rat allein selten hilfreich. Oft ist es dann sinnvoller, das Textprojekt auf einen hinteren Platz der Prioritätenliste zu setzen und sich auf die Ursachen zu konzentrieren. Jede geschriebene Seite, die nicht zufrieden stellt, verschlimmert die Lage. Wenn es die Zeit nicht schafft, wird ohne professionelle Beratung, manchmal auch Therapie, die alte Kraft nicht wiederkehren.

(2) Einige Dozenten für Schreibstrategien raten, man solle alle **Stör-**

---

18 Russell, Bertrand: Autobiographie I, 1872–1914. 2. Aufl., Frankfurt am Main: Suhrkamp, 1977, S. 233.

quellen ausschalten. Eine Illusion. Erstens suchen einige Autoren die „Störung", lassen sich beim Schreiben von Musik berieseln, zweitens sind Störungen viel zu oft unvermeidlich. Handwerker im Haus können jede Konzentration ruinieren. Und wenn ein Kind mit Fieber im Bett liegt, dauert beim Heimarbeiter eben alles etwas länger. Vieles kann nerven und ablenken. Wenn es sich irgendwie einrichten lässt den Abgabetermin hinauszuschieben, ist das die beste Lösung.

(3) Auch wenn die Recherche noch nicht genug **Material** erbracht hat, ist ein klärendes Gespräch mit dem Auftraggeber sinnvoll. Nachrecherchieren, noch ein, zwei Tage dranhängen hilft mehr, als mit unvollständigem Material irgendetwas zu schreiben, von dem man weiß, dass es nicht reicht.

(4) Russells Problem war die **Komplexität des Themas,** er schrieb über die Grundlagen der Mathematik. Vielleicht hätten ihm einige der heute bekannten Kreativitätstechniken helfen können, doch eine Schreibblockade allein war nicht die Ursache seines Missgeschicks. Häufig müssen Überlegungen erst reifen, das Gehirn arbeitet auch dann an einem Thema, wenn es keine sichtbaren Zeichen produziert. Geduldig warten, die im Hintergrund laufenden Prozesse unterstützen ist der einzige Weg, diese Hemmung aufzubrechen.

Die häufigste Schreibstörung ist aber von einfacherer Art, eine Blockade, die man mit einigen Techniken brechen kann.

Wenn Tricks helfen

Worin die Ursachen tatsächlich bestehen, wissen wir nicht. Ein schönes Bild beschreibt als Grund den Konflikt zwischen beiden Gehirnhälften. Die eine, meist die rechte, verwaltet das kreative Potenzial: Text, Bild, Musik. Die andere ist für den Regelapparat zuständig, beherbergt grammatische, logische und mathematische Muster. Wenn es zum Konflikt kommt zwischen dem **kreativen Apparat,** der schon längst weiß, was er will und dem Regelwerk, das nicht ohne **logisch saubere Struktur** arbeiten mag, entsteht ein Patt.

Eine Hälfte kann, die zweite will nicht, blockiert. Jede Technik, die den kreativen Apparat in dieser Situation unterstützt und stärkt, bremst seinen produktionsfeindlichen Gegenpart. Oft hat dieser die Kreativität lähmende Mechanismus einen mächtigen Partner, die **Angst**

- gemessen an Vorbildern zu versagen,
- Unwissen zu offenbaren,
- Falsches zu behaupten oder
- sich Kritikern auszuliefern.

Dagegen kann man etwas unternehmen. Profis bedienen sich aus einem reichen Repertoire an Lösungen und Verhaltensweisen, um aus dem Dilemma herauszufinden. Ein beliebter und oft tauglicher Weg ist die Visualisierung als Mind mapping nach Tony Buzan[19] oder Clustering nach Gabriele Rico. Das **Clustering** ist sehr leicht anzuwenden, man kann es als Technik für die Ideenfindung und Strukturierung nutzen:

> „Sie beginnen immer mit einem Kern, den Sie auf eine leere Seite schreiben und mit einem Kreis umgeben. Dann lassen Sie sich einfach treiben. Versuchen Sie nicht, sich zu konzentrieren. Folgen Sie dem Strom der Gedankenverbindungen, die in Ihnen auftauchen. Schreiben Sie Ihre Einfälle rasch auf, jeden in einen eigenen Kreis, und lassen Sie die Kreise vom Mittelpunkt aus ungehindert in alle Richtungen ausstrahlen, wie es sich gerade ergibt. Verbinden Sie jedes neue Wort oder jede neue Wendung durch einen Strich oder Pfeil mit dem vorigen Kreis."[20]

Erfahrungsgemäß sammeln sich zu Beginn viele Ideen, von denen manche noch nicht einmal mit dem Kern, im Beispiel „Blockade", in Verbindung stehen. Auch der Name „Russell" steht dort ohne Verknüpfung. Am Anfang kommt es darauf an, dass keine Idee verloren geht. Wie und ob sie integriert werden kann, klärt sich meist später.

Wenn ein Blatt voll geschrieben ist und der Fluss an Ideen stockt, sieht man das Ganze mit etwas Distanz an. Für diese Technik ist ein

---

19 Das Mind mapping ist beschrieben in: Buzan, Tony; Buzan, Barry: Das Mind-Map-Buch. Die beste Methode zur Steigerung Ihres geistigen Potenzials. 5. üb. Aufl., München: mvg, 2002.
20 Rico, G., Garantiert schreiben lernen, S. 35.

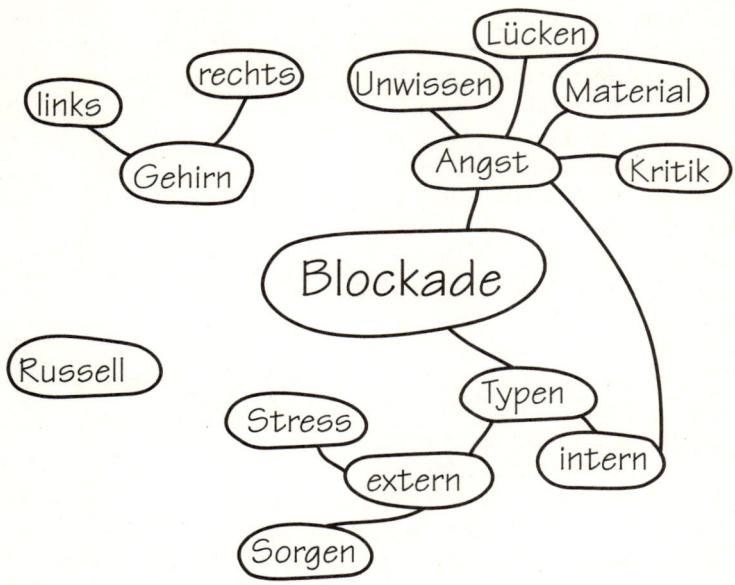

Momentaufnahme des Clustering für diesen Abschnitt

Flip-Chart gut geeignet, weil man zurücktreten und das Bild auf sich wirken lassen kann.

Neue Verbindungen ergeben sich, Ideen können zu einem Bündel (Cluster) zusammengelegt werden. Der nächste Bogen wird beschriftet. Wieder sieht man andere Verbindungen, das Spiel beginnt von vorne. Es geht so lange, bis keine sinnvollen Veränderungen mehr einfallen. Dann ist ein Bild entstanden, das man in eine Gliederung übersetzen kann.

> Die bildhafte Darstellung überlistet den nach Ordnung, Struktur und Vollständigkeit verlangenden Intellekt, sie stärkt die spielerischen, kreativen Komponenten.

Diese Methode ist ein Weg der Visualisierung, jedoch nicht der einzige. Ein **Flussdiagramm** kann helfen, technische Vorgänge darzustellen. Es muss sich nicht nach der Norm für diese Zeichnungen[21] richten, die Symbole können Eigenproduktionen sein. Entscheidend ist, dass es gelingt, einen Prozess, Sachverhalt oder Gegenstand so weit zu visualisieren, dass seine wesentlichen Prinzipien hervortreten. Dann fällt es leichter, eine Textstruktur zu entwerfen und mit dem Schreiben zu beginnen.

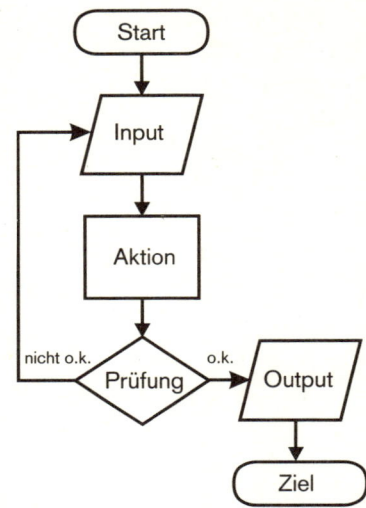

Schreiben mehrere in einem **Team,** gelangen Blätter und sogar das Flip-Chart schnell an ihre Grenzen. Das Material benötigt dann eine Pinwand, oder man klebt es an die Wände. Es zu Projektbeginn nur auf dem Tisch auszulegen reicht nicht, weil man einen Blick darauf werfen muss, wenn später Schreibblockaden die Arbeit behindern. Die Praxis zeigt, dass solche Strukturierungshilfen am Anfang eines Projektes oft unvollständig sind und die Blockade verursachen.

4.8 Qualität kontrollieren

Wenn der Texter einen Auftraggeber hat, muss dieser wenigstens die sachliche Richtigkeit des Textes bestätigen und das Endprodukt freigeben, nachdem alle Berichtigungen durchgeführt worden sind.

> Niemals Texte, die von einem anderen in Auftrag gegeben wurden, ohne schriftliche Freigabe vervielfältigen oder an Kunden verschicken.

Die Reihenfolge der Korrekturen muss man mit dem Auftraggeber vereinbaren. **Zwei Korrekturläufe** reichen meist. Externe Dienstleister sollten schon im Angebot Zeit und Kosten für Verbesserungen

---

21 DIN 66001.

eintragen, damit sich der Partner darauf einstellen kann, wann Mitarbeiter zum Lesen abgestellt werden müssen.

> Texte immer nacheinander durchsehen lassen, niemals durch zwei Korrektoren gleichzeitig den gleichen Text. In größeren Projekten können sonst Tage damit vergehen, Unterschiede zwischen den Korrekturen des Einen und denen des Anderen telefonisch abzuklären.

Die Rechtschreibung korrigiert man, wenn alles andere fertig ist. Zuerst kommen die **sachlichen** und **sprachlichen** Korrekturen, das **Redigieren**: Stimmt der Inhalt? Wurde nichts vergessen, ist alles richtig und vollständig dargestellt? Sind die Vorgaben des Kunden erfüllt? Stimmen Wortwahl und Satzbau mit den Ergebnissen der Leseranalyse einerseits und den Erfordernissen der Corporate Identity andererseits überein?

Kritik und Korrektur können Autoren verletzen. Je deutlicher sich eine Arbeitsgruppe auf Regeln verständigt hat, desto weniger Reibereien wird es geben. Vorwiegend in stilistischen Angelegenheiten können schnell fruchtlose Diskussionen die Stimmung ruinieren.

> Um Regeln für das Redigieren zu entwickeln, kann sich eine Gruppe ältere Texte oder solche von Mitbewerbern vorknöpfen und diskutieren. Jeder sagt, was ihm nicht gefällt, anschließend stellt das Team ein Meinungsbild her, wie es mit solchen Fällen verfahren will. Das Resultat wird festgehalten.

Rechtschreibung und Zeichensetzung

Niemand schreibt fehlerfrei, jedenfalls nicht in der Hektik des Geschäftslebens. Weil man die eigenen Fehler selten findet, geht es nicht ohne Unterstützung, zunächst durch das Rechtschreibprüfprogramm.

> Vor dem Ausdrucken immer die Rechtschreibprüfung!

Manche Fehler entdecken Programme nicht. Deswegen lassen auch professionelle Autoren wichtige Texte gegenlesen.

> Überprüfen Sie, ob der Anlass für eine Korrektur durch andere wichtig genug ist.

Findet sich niemand zum Lesen bereit, hilft vielleicht einer von zwei Tricks:

(1) Den Text von hinten nach vorn, auch jeden Satz rückwärts lesen. Diese Technik unterläuft die eingebauten Korrekturmechanismen des Gehirns, das sich beharrlich weigert, sein eigenes Produkt kritisch zu untersuchen. Bis etwa zwei DIN A4-Seiten lassen sich so noch im Ein-Mann-Betrieb bearbeiten.

(2) Ein ähnliches Verfahren: Den ganzen Text anders formatieren, eine deutlich andere Schriftart, veränderter Umbruch. Automatische Ergänzungen und Korrekturen im Hirn funktionieren dann nicht mehr so zuverlässig, weil alles etwas anders aussieht.

Besonders peinlich sind Overhead-Folien und PowerPoint-Präsentationen mit Fehlern in Rechtschreibung und Zeichensetzung.

> Öffentliche Präsentationen niemals ohne Rechtschreibkorrektur durch Kollegen!

4.9 Praxisteil

Wenn die Rahmenbedingungen[22] geklärt sind, geht es an das Schreiben. Dass eine umfangreiche Broschüre nicht ohne Vorarbeit, Planung und etwas Organisation entsteht, wird niemand bezweifeln. Manchmal neigt man aber gegenüber dem alltäglichen Kleinkram zur Nachlässigkeit. Zu einer ärgerlichen Fehlerquelle entwickeln sich dann die Funktionen „kopieren und ersetzen" der Textverarbeitung: Altes Dokument geladen, neue Namen und Daten eingesetzt, ausgedruckt und abgeschickt. Erst später merken einige dann, dass noch der alte Kundenname irgendwo steht, Daten der Vorgängerversion übersehen wurden. Der erste Tipp für alle Profitexter:

---

22 Kapitel 6, Texte in wirtschaftlichem Umfeld produzieren und Praxisteil.

Statt kopieren und ersetzen: Vorlagen nutzen

Arbeiten Sie mit Dokumentvorlagen, Templates oder Mustertexten, in denen alle Produktnamen, Kundennamen und sonstige veränderliche Bezeichnungen durch deutlich sichtbare Variablen ersetzt sind. Verwenden Sie keine alten Dokumente, die durch die Funktion „kopieren und ersetzen" aktualisiert werden könnten.

Beispiel für das Begleitschreiben eines Software-Unternehmens, das seinen Kunden ein neues Release zuschickt. Dazu gehört eine kleine Installationsanleitung:

(1) Backup – Hinweis an den Anwender: Erstellen Sie erst ein Backup des Datenträgers, auf dem Sie ##Produktname und Release-Nummer## installieren wollen. Warnung: Installieren Sie niemals ##Produktname und Release-Nummer##, ohne ein Backup angefertigt zu haben. Irreparable Datenverluste könnten die Folge sein.

(2) Legen Sie ##Band oder CD## in das Laufwerk, von dem aus Sie die Installation vornehmen wollen.

(3) Kopieren Sie ##Produktname und Release-Nummer## mit dem Befehl ##Befehl für Installation##.

(4) Entfernen Sie ##Band oder CD## aus dem Laufwerk.

(5) Starten Sie die Installationsroutine mit ##Befehl für Installationsroutine##.

(6) ##Anleitung für Erfolgskontrolle##

(7) ##Beheben von Störungen##

Texte zwischen ##.. ## sind Platzhalter. Auch in der Hektik des Alltags wird der Autor nicht übersehen, dass an dieser Stelle etwas einzutragen ist, das nur für diesen Fall gilt. Würde man nur kopieren und ersetzen, könnte sich schnell ein Fehler einschleichen.

Zwölf Schritte zu umfangreichen Texten

Jede nummerierte Liste könnte vortäuschen, dass eine Handlung auf die andere aufbaut, alles der Reihe nach geschieht – eine wirklichkeitsfremde Vorstellung. Auch kann niemand festlegen, was ein umfangreicher Text ist, wie viele Wörter oder Seiten ihn ausmachen. Die einseitige Pressemitteilung kann aufwändiger werden als der Katalog zu einer Aktionswoche, der bis auf wenige Ausnahmen mit Datenbankinhalten gefüttert ist. Trotz dieser Unsicherheiten lehrt die Erfahrung, dass viele Dokumente zwölf Stufen durchlaufen, bis sie als vorzeigbares Ergebnis Auftraggeber und Autor zufrieden stellen.

(1) Ziele des Textes abstecken.
(2) Leseranalyse erstellen.
(3) Dokumenttypen festlegen, Papier, elektronisch.
(4) Bei Teamarbeit: Verantwortung aufteilen, Werkzeuge einrichten.
(5) Formate und Wortwahl in Übereinstimmung mit dem Erscheinungsbild des Unternehmens bestimmen.
(6) Recherchieren. Ergebnisse gegenprüfen: Doppelt genäht hält besser.
(7) Material ordnen, gliedern. Überflüssiges beiseite legen.
(8) Formulieren.
(9) Optimieren.
(10) Redigieren: Inhaltlich richtig, Wortwahl und Satzbau angemessen, nichts vergessen?
(11) Rechtschreibung und Zeichensetzung überprüfen.
(12) Text zur Freigabe und Verwendung ausliefern.

Vier Fragen zur Struktur

(1) Gibt es für diese Textart externe Vorgaben, die der Autor benutzen muss, Gesetze, Richtlinien, Normen oder bewährte Gliederungstypen wie bei Rechnungen?
(2) Hat der Auftraggeber in Gestaltungsrichtlinien oder Style Guides den Aufbau des Dokuments weitgehend festgelegt?
(3) Soll der Text linear sein, von der ersten bis zur letzten Seite, oder ist es ein Hypertext?
(4) Will man diesen Text lesen, oder muss das Leseinteresse durch den Text geweckt werden?

Figuren

Traditionell unterscheidet man die geschliffenen Ausdrücke in **Satzfiguren**, dem Satz ähnliche Argumentationsfolgen, und **Tropen**, kurze verbale Schnellschüsse. Diese Unterscheidung ist oft künstlich, lässt sich nicht immer durchhalten. Die Quälerei im Rhetorikunterricht, das Auswendiglernen der altgriechischen Namen, ist überflüssig. „Denn nicht in ihrem Namen liegt ihr Nutzen, sondern in ihren Leistungen."[23] Es reicht völlig, ab und zu nachzuschlagen. Beim Schmökern findet der Leser eine rhetorische Figur, die seiner Arbeit Pfeffer gibt. Dieses Gewürz verlangt jedoch sparsamen Einsatz, zu viel wirkt überdreht.

In über zweitausend Jahren haben Redner und Schreiber viele Bilder erfunden, verfeinert oder verworfen. Diese Liste enthält die häufigsten und wichtigsten Techniken, verzichtet aber auf einige, die besser der gesprochenen Rede vorbehalten bleiben.

Wortspiele

Ein Bild wählen – Metapher:

Der **alte Fuchs** *hat es wieder einmal geschafft.*

Wirkt lebendig. Vorsicht mit Negativbildern. Wenn sie nicht in justitiable Beschimpfungen abrutschen, können sie doch abstoßend wirken: *Gockel.*

Bilder mit Hintergrund – Metonymie:

Der neue **Grass** *ist ein Bestseller.*

Nicht Grass ist der Bestseller, sondern sein Buch, das durch den Namen des Autors vertreten wird.

Einer für alle – Synekdoche:

Der **Buchstabe** *des Gesetzes ist eindeutig.*

Oder:

Unter deutschen Dächern *nimmt man es damit sehr genau.*

Ein Teil steht für das Ganze, in den Beispielen: das Gesetz und in deutschen Häusern.

Prägende Eigenschaften – Periphrase oder Paraphrase:

Das Fahrzeug **mit dem Stern** ...

Umschreibung, in der eine Eigenschaft das Ganze beschreibt. Wie die Synekdoche ein Stilmittel, das gegen Langeweile nutzt.

Durch die rosa Brille – Euphemismus:

In diesem Jahr beginnen die Arbeiten am **Entsorgungspark.**

---

23 Quintilianus, Band II, S. 253.

Der *Entsorgungspark* ist eine Mülldeponie. Leser fühlen sich schnell durch solche Figuren verschaukelt. Vorsicht auch mit Euphemismen, die manche als unkooperativ und kränkend empfinden: *stattlich* für *dick*.

Ordentlich aufgetragen – Hyperbel:

Im Juli war bei uns **die Hölle** *los.*

Ein lebendiger und frischer Wortgebrauch, dem Chili manchmal ähnlich: Nicht vergessen, doch nur nicht zu viel.

Von hinten durch die Brust – Litotes:

Es ist **nicht un**wahrscheinlich, dass ...

Die Verneinung des Gegenteils, im Beispiel *Wahrscheinlich ...* Diese Technik ist *nicht unattraktiv*, kann aber leicht missverstanden werden und schreckt dann ab.

Spiele mit Wörtern, Sätzen und Gedanken

Einmal reicht nicht – Anapher:

So *haben wir das nicht gemeint.* **So** *haben wir es nicht gewollt.*

Sätze beginnen mit dem gleichen Wort. Eine stark betonende Technik.

Epipher:

Wir wollen das in unserer Macht stehende **tun** *und werden es noch heute* **tun**.

Sätze enden mit dem gleichen Wort. Ebenfalls stark betonend.

Geminatio:

Niemals, niemals *würden wir ...*

Verdoppelung eines Wortes, die im Schriftdeutsch eher ungewöhnlich ist. Gesprochen wirkt sie verstärkend.

Anadiplose:

Wir haben das beobachtet, beobachtet haben wir außerdem ...

Der Satz beginnt mit dem Ende des voranstehenden. Lenkt die Aufmerksamkeit und verstärkt die Argumentation.

Polyptoton:

Besser als **gerührt** *sein, ist sich* rühren.

Wiederholung eines Wortes in verschiedenen Beugungsformen. Betont und konzentriert das Interesse auf Wesentliches.

Klimax:

Sie kommen zu Fuß, in Autos und in Bussen.

Die Steigerung ist geeignet, den Leser in Bann zu halten und einen Vorgang plastisch zu gestalten.

Correctio:

Eine freundliche, ja bezaubernde ...

Eine andere Art der Steigerung, die korrigiert und präzisiert.

Asyndeton:

Wir haben ihn gejagt, festgenommen, eingesperrt.

Die Wörter werden eingehämmert.[24] Dieses Stakkato verbindet, ohne Bindewörter zu nutzen, damit erzeugt es Tempo und Spannung.

Polysyndeton:

Und *wir haben ihn gejagt* **und** *festgenommen* **und** *eingesperrt.*

Gegenteil zum Asyndeton, fügt Bindewörter ein und nimmt dadurch Tempo.

Mit dem Nichts etwas sagen – Ellipse:

Was nun?

Wer ein Wort oder einen Satzteil auslässt, hofft, dass man sich seinen Teil denkt. Unangenehmes wird dadurch verstärkt, dass man es nicht ausspricht.

Aposiopese:

Wenn wir entscheiden könnten, ...

Den Satz vor dem Wichtigen abzubrechen, erzeugt eine stillschweigende Übereinstimmung mit dem Leser, ohne dass man aus-

---

24 Quintilianus, Bd. 2, S. 341.

drücklich darüber reden müsste. Kann auch die Neugier auf das Kommende steigern.

Passend gemacht – Oxymoron:

Eile mit Weile!

Zwei sich widersprechende Begriffe sind miteinander kombiniert und wirken gerade durch diese direkte Gegenüberstellung.

Zeugma:

Erst gibt er an, dann auf.

Ein Wort in Zusammenhängen, die nicht zueinander passen.

Abwechslung erfreut

Sind einige Wörter zu häufig benutzt worden? Bei kurzen Texten, für wenige Seiten können Textverarbeitungsprogramme helfen, wenn sie eine Sortierfunktion haben, wie beispielsweise Microsoft® Word. Sie können alle Wörter alphabetisch sortiert untereinander anzeigen. Der häufige Gebrauch eines Wortes ist in dieser Liste leicht zu erkennen. Wortliste dieses Absatzes:

Absatzes:	erkennen.	Liste	wenn
alle	für	Microsoft®	wie
alphabetisch	Gebrauch	Seiten	Word.
anzeigen.	haben,	sie	worden?
Bei	**häufig**	Sie	**Wörter**
beispielsweise	**häufige**	Sind	**Wörter**
benutzt	helfen,	Sortierfunktion	**Wortes**
Der	in	sortiert	**Wortliste**
dieser	ist	Texten,	zu
dieses	können	Textverarbei-	zu
eine	können	tungsprogramme	
eines	kurzen	untereinander	
einige	leicht	wenige	

Häufig und *Wort* fallen auf. Sie sollten in fünf Zeilen nicht so oft auftauchen und sind leicht zu ersetzen: *mehrfach, wiederholt* für *häufig* und *Ausdruck, Bezeichnung, Begriff* für *Wort.* So erstellt man eine Wortliste:

(1) Text markieren und kopieren.
(2) Neues Dokument öffnen.
(3) Kopierten Text einsetzen.
(4) Funktion *suchen und ersetzen* wählen.
(5) Suchen: Leerzeichen.
(6) Ersetzen durch: Absatzmarke (In Microsoft® Word 97 ^a, in anderen Programmen auch ^p).
(7) Das Programm zeigt jetzt eine Liste aller Wörter.
(8) Liste markieren.
(9) Sortieren.

Wenn kein kritischer Korrekturleser zur Verfügung steht, hilft diese Technik, man findet, was nie auffällt, solange es in Sätzen eingebettet ist und sich dort verstecken kann.

Die häufigsten Wörter im Deutschen

Diese Wörter lassen sich nicht vermeiden. Sparsamer Gebrauch trägt aber dazu bei, dass der Text interessanter wirkt. Die häufigsten Wörter sind Langweiler.[25]

als	den	es	noch
am	der	für	nur
an	des	haben	sich
auch	die	hat	sie
auf	ein	im	sind
aus	eine	in	so
bei	einem	ist	über
das	einen	mit	um
dass	einer	nach	und
dem	er	nicht	von

Ablenkung, Lohn und Strafe

Schreibblockade: Zu den vorbeugenden Methoden gehören Mind Mapping, Clustering und andere Techniken, denen eines gemein ist: Sie visualisieren Zusammenhänge.

Wenn es aber doch passiert, gar nichts einfallen will und weder Krisen noch Lücken in der Recherche den Ausfall rechtfertigen, hel-

25 www.ids-mannheim.de/kt/30000wordforms.dat

findet seine eigenen Wege, arbeitet systematisch
kaut Süßigkeiten, schmökert oder räumt auf, was
aufgeräumt werden müssen. So machen es ande-
ʳofitextern:

An die frische Luft gehen: Ein, zwei Stunde spazieren gehen. Mit Hund
oder ohne, einfach nach draußen und etwas anderes sehen.

Bauklötze nicht nur staunen: Einige Kreative bevorzugen Spielzeug-
ecken, Legos, Eisenbahn, Bauernhof, Autos. Da hat das Hirn Zeit zum
Nachdenken.

Der Anfang ist mittendrin: Nicht vorn beginnen, einfach irgendwo in der
Mitte starten. Dort, wo gerade die besten Ideen warten.

Es gibt Schöneres: Weg vom Computer, Schokolade essen, ausspan-
nen.

Großtaten vergangener Zeiten sehen: Alte Texte zeigen, dass es schon
immer weitergegangen ist, auch wenn es manchmal nicht danach aus-
sah. Das gibt Mut zu neuen Taten.

Kleine Brötchen backen: Es soll nur ein erster Entwurf sein. Das ist ein
Grund anzufangen, löschen könnte man es später immer noch. Auf jeden
Fall steht schon mal etwas da. Oft ist es ein guter Anfang.

Lohn und Strafe: Die schönen Seiten des Lebens müssen warten, bis
diese Seite, dieser Abschnitt, dieses Kapitel fertig sind.

Mut zur Lücke: Unvollständige Sätze nutzen, erst mal etwas hinschrei-
ben, einfach drauflos. Mal sehen, was passiert.

Ordnung muss sein: Abwaschen, aufräumen, putzen, das alte Regal re-
parieren. Vieles ist seit der letzten Kreativphase überfällig. Jetzt ist Zeit
dazu.

Projekte tauschen: Andere Projekte und Texte warten auch. Warum
nicht einfach mal wechseln?

Videos zum Lachen: Disney, Loriot, Chaplin oder Marx Brothers.
Wenn's hilft, ist es in Ordnung. Wenn nicht, war es ein schönes Inter-
mezzo.

Wie machen es die anderen? Werbetexter sehen sich Spots im Fernsehen an, PR-Leute lesen Pressemitteilungen.

Kreativität üben

Wer dieses Buch in der Aus- oder Weiterbildung liest, findet vielleicht Partner, mit denen kleine Kreativitätsübungen möglich sind.
Lernen mit Spaß und Lachen: Ab drei Personen funktioniert es.

Zwei Techniken, die sich in Seminaren bewährt haben. stammen aus dem reichen Angebot der Kreativitätstrainer.

(1) Einer bringt Fotos mit, eigene Aufnahmen, Bilder aus Zeitungen und Zeitschriften. Der zweite Teilnehmer hat eine Illustrierte durchgesehen und aus Werbeanzeigen Slogans – *nichts ist unmöglich...*, *nicht immer, aber immer öfter* – ausgeschnitten. Der dritte lässt sich für jeden Anwesenden ein Produkt einfallen, bevor er Slogans und Bilder gesehen hat. Dann wird verteilt: Jeder erhält ein Produkt, einen Slogan und ein Bild. Wahrscheinlich passt nichts zusammen: Die Aufgabe ist es, eine typische Printanzeige zu gestalten, Überschrift, Bild, Werbetext, Slogan.

(2) Man schreibt Substantive und Verben auf, 20 bis 30. Alles kommt in eine Lostrommel, einen Topf. Dann legt man fest, wie viele Lose gezogen werden und wie viele Zeichen zu schreiben sind. Nach der Ziehung muss jeder einen Text in der vorgegebenen Zeichenzahl zu einem beliebigen Thema schreiben, in dem die gezogenen Wörter vorkommen müssen.

Tipps für das Korrigieren und Redigieren

Für Redaktionen und länger bestehende Arbeitsgruppen empfiehlt sich ein kleiner Leitfaden, nach dem beim Redigieren und Korrigieren vorzugehen ist. Die beste Lösung ist ein Kapitel zu diesem Thema im Redaktionshandbuch, Style Guide oder der Gestaltungsrichtlinie. Man entwickelt diese Anleitung am besten in Teamarbeit, damit kein Streit entsteht, wenn das Arbeitsergebnis eines Teammitglieds kritisiert wird. Dabei hilft es, einen alten Text, Marketingbroschüre oder Handbuch gemeinsam zu überprüfen und so einen gemeinsamen Maßstab für künftige Korrekturen zu gewinnen. Das kostet am Anfang Zeit, die später wieder eingespart wird, wenn man sich auf einheitliche Kriterien und Vorgehensweisen einigen konnte.

- Fertigen Sie sich eine Kopie des Materials an, vermerken Sie Notizen, Korrekturzeichen und Anmerkungen in der Kopie, nicht im Original.
- Rufen Sie den Autor an und fragen Sie ihn, ob etwas Besonderes zu berücksichtigen ist.
- Greifen Sie nicht sofort zum Stift. Lassen Sie das Material erst auf sich wirken.

- Prüfen Sie nacheinander unter verschiedenen Aspekten, niemals alles zeitgleich: Dem Leser angemessen, sachlich richtig, vollständig, Wortwahl, Satzbau, ...
- Korrekturen durch mehrere Leser möglichst nacheinander anfertigen lassen. Zeitgleiche Korrekturen durch unterschiedliche Leser verlangen aufwändige Abstimmungen.
- Kunden überlesen beim Korrigieren oft kritische Stellen. Schreibweisen ungewöhnlicher Wörter, Übertragungen aus anderen Alphabeten oder Schriften, Firmenterminologie benötigen oft besondere Aufmerksamkeit. Markieren Sie solche Stellen im Text oder geben Sie dem Kunden und Korrektoren eine Liste mit kritischen Stellen, machen Sie ihn rechtzeitig auf Fallen aufmerksam. Das erspart Streit.
- Heben Sie sich die Korrekturen von Rechtschreibung, Zeichensetzung und die Überprüfung von Verweisen für den Schluss auf. Wenigstens eine Rechtschreibprüfung durch die Textverarbeitung ist allerdings Pflicht, bevor der Text zur Korrektur durch Kunden geht.
- Benutzen Sie die genormten Korrekturzeichen, die beispielsweise im Rechtschreibduden enthalten sind. Sie sind in der Weiterbearbeitung und für Absprachen mit Kollegen leichter verständlich als Eigenschöpfungen. Viele Profis sind es gewohnt, mit den Normzeichen zu arbeiten.

Eigenen Text kritisch lesen

Unser Denkapparat liest großzügig über Fehlleistungen hinweg, die er selber produziert hat. Für Texter, die ohne Unterstützung von Kollegen arbeiten müssen, liegt in dieser Eigenschaft eine ärgerliche Fehlerquelle. Veränderte Bedingungen hebeln die automatische Korrektur des Gehirns aus, das sich sonst weigert, eigene Fehler zu sehen.

Rechtschreibfehler finden: Bis zu zwei DIN A4-Seiten lassen sich rückwärts lesen: Satz für Satz und Wort für Wort.
Inhalt anders wahrnehmen: Umformatieren, anderen Seitenumbruch, andere Abstände und Schriften.
Vorlesen lassen: Ein Vorleseprogramm kann helfen, zum Beispiel LesefixPRO.[26] Man muss sich an die Aussprache und die eher künstliche Betonung gewöhnen, kann dann aber recht brauchbare Ergebnisse erzielen.

5. Für jeden Topf einen Deckel

Was unterscheidet den Profitext von all dem anderen, das täglich aus den Druckern quillt oder durchs Internet geistert? Er ist verständlich, ordentlich strukturiert, vergisst nichts Wesentliches und passt sich der Umgebung an.

Gute Texte fallen auf, ohne aufdringlich zu sein. Man liest sie gerne, sie erreichen Ziele, ohne unnötige Kosten zu verursachen.

Saubere Recherche, Gliederung und Formulierung sind die Pflicht. Die Kür verlangt etwas mehr. Sie kennt eine Unzahl verschiedener Aufgaben, die der Schreiber jeweils etwas anders angehen muss. Texten ist ähnlich dem Musizieren, man kann die Fertigkeiten trainieren und das Repertoire ständig erweitern. Mit einer Auswahl der Stilrichtungen und Instrumentierungen beschäftigt sich dieses Kapitel.

5.1 Geschäftskorrespondenz zwischen Norm und Originalität

Briefe berichten aus der Welt des Absenders, sie geben weit mehr preis, als der wortwörtliche Inhalt ausdrückt. In Kriminalfällen versuchen Wissenschaftler und Detektive aus einem Schreiben das Profil des Autors abzulesen. Wer Krimis liest oder anschaut, kennt Fälle, die dadurch gelöst wurden.

In der täglichen Korrespondenz ist das nicht viel anders. Jeder, der ein Schreiben öffnet, gewinnt sofort eine Vorstellung vom Absender, wenn er ihn nicht persönlich kennt. Kleine Anzeichen, die eine Stimmung prägen, nicht allein entscheidend, dennoch deutlich.

Zu einem guten Eindruck können **Standards** für die Gestaltung, den Seitenaufbau und Schreibweisen beitragen. In Deutschland kann man dafür die Norm DIN 5008 nutzen.[1] Wie die meisten Nor-

---

1 Die Norm und eine Zusammenfassung der aktuellen Version gibt der Beuth Verlag heraus. Eine Kurzfassung ist: Schreib- und Gestaltungsregeln für die Textverarbeitung, Sonderdruck von DIN 5008:2001. Berlin: Beuth, 2001. Weitere Broschüren und Informationen über: http://www.beuth.de

men schafft auch diese kein Feld, auf dem Kreativität und Gestaltungsfreude gedeihen. Sie gibt aber deutliche Empfehlungen an die Hand, die – mit der Autorität einer Norm – leicht als verbindlich für das Schreiben von Briefen festgelegt werden können. In vielen Büros finden endlose Debatten statt über die Frage, wie was zu schreiben sei. Dem bereitet man schnell ein Ende, indem man sich für die Norm, ein Rechtschreibwörterbuch und einen Band mit Mustertexten[2] entscheidet.

Ein unersetzliches Hilfsmittel sind die Format- und Dokumentvorlagen der Textverarbeitungsprogramme. Für jeden Brieftyp, vom Begleitschreiben zu einem Angebot bis zur Rechnung, kann ein Muster abgespeichert werden, das der Mitarbeiter nur zu laden braucht. Im günstigsten Fall ist alles so weit automatisiert, dass Anschrift, Anrede, Rechnungsnummer und anderes aus der Datenbank eingelesen werden können.

> Ein einheitliches Erscheinungsbild der Geschäftskorrespondenz ist nur möglich, wenn wenigstens ein Mitarbeiter für Musterlösungen zuständig ist und das Zusammenspiel der Programme regelt, vor allem von Textverarbeitung und Stammdatenverwaltung.

Besonders Unternehmen, die in ihren Anschreiben Kreativität und jugendliche Individualität zum Ausdruck bringen wollen, sind mit den normierten Einheitslösungen unzufrieden und gehen eigene Wege. Es beginnt mit dem äußeren Aufbau der Briefe, geht über Floskeln in Anrede und Gruß und endet bei fröhlich-kreativer Textgestaltung.

Natürlich kann der Brief mit einem *Guten Tag* beginnen. Mutige starten mit *Hallo*. Auch die Floskeln, die einen Brief abschließen, stehen zur Disposition: *Viele Grüße* ist fast schon antiquiert. Manche enden mit den *besten Wünschen aus einem verschneiten Charlottenburg, sonnigen Freiburg* oder *verregneten Hamburg*. Im Prinzip können alle Wendungen dieser Art nicht darüber hinwegtäuschen, dass es Floskeln sind, canned text: Text in Tüten. Man kann sie nutzen, sollte sich aber darüber im Klaren sein, dass sich

---

2 Vorschläge enthält das Literaturverzeichnis.

damit keine Originalität demonstrieren lässt, es ist ein Tausch alter Formeln gegen neue, mehr nicht.

Kreativität und Lesefreundlichkeit zeigt sich eher an anderen Eigenheiten, zum Beispiel an der Betreffzeile, der man heute nicht mehr das *Betr.:* voranstellt. Sie ist halbfett markiert, informiert auf einen Blick und erzeugt eine Stimmung: *Wir sind mit der Reparatur fast fertig, haben nur noch eine Frage.*

Damit folgt schon der Betreff einer Ausrichtung, die den guten Brief insgesamt kennzeichnet: Entscheidend ist immer, was den Leser interessiert. Schnell auf den Punkt kommen, die Fragen des Adressaten beantworten, das erzeugt in der Geschäftskorrespondenz den besten Eindruck. Sprachwitz und grafische Finesse können ihn nur unterstützen.

E-Mail

Kommunikation zwischen Telefonanruf und gelber Post: dem einen unersetzlich, anderen unerträglich. Eine Eskalation des Nervensägens hat begonnen. Was früher die lästige Urlaubspostkarte war – unangenehme Pflicht dem Schreiber, nervt heute den Empfänger. Digitalkamera, Laptop und E-Mail sind am Strand dabei, ein schneller Urlaubsgruß mit den Kleinen in der Sandburg, mit Megabyte bestückt, verstopft er die elektronischen Briefkästen der liebevoll Bedachten. Lästige Scherze, Werbemüll mit Schriftzeichen aus exotischen Ländern, die der eigene Rechner nicht anzuzeigen vermag, Briefe, die niemand schreiben würde, müsste er den Umschlag frankieren, das ist oft genug der Alltag mit E-Mail. Wer viel im Internet unterwegs ist, kennt Tage, an denen neunzehn von zwanzig elektronischen Briefen sofort gelöscht werden können, manchmal ist das Verhältnis noch ungünstiger.

Weil die Nerven vieler E-Mail-Empfänger gespannt sind, gehen Profis mit diesem Instrument vorsichtig um. Für jede Nachricht muss man die Frage „Würde ich das als E-Mail lesen wollen?" mit „ja" beantworten können. Nicht selten gibt es gute Gründe für die elektronische Kommunikation.

Pro:
• Sie ist **schnell,**

- kurze Mails sind **preisgünstig** auch für Empfänger mit langsamen Anschlüssen,
- sie unterstützen die gemeinsame Arbeit durch **Dokumentaustausch** – mehrere Autoren arbeiten an einem Text, schreiben und redigieren – und
- überlassen es dem Empfänger, **wann** er lesen will.

Besonders der letztgenannte Aspekt verschafft der E-Mail einen Vorteil vor dem Anruf, kann dieser doch aus der Arbeit herausreißen oder bei einem Gespräch stören. Alle wichtigen Nachrichten, die sich in die betriebliche Vorgangsbearbeitung fügen, können prinzipiell auch als E-Mail versandt werden.

Contra:
Hingegen verzichtet man besser auf dieses Medium, wenn

- der Inhalt **vertraulich** ist,
- einem persönlichem **Gespräch vorbehalten** bleiben sollte, zum Beispiel schlechte Nachrichten, oder wenn Informationen leicht missverständlich sind und des Gesprächs zur Korrektur bedürfen,
- die **schnelle Antwort** nötig ist oder
- nicht sicher ist, ob der Empfänger E-Mail **bereitwillig nutzt.**

Wer häufig in seiner Freizeit mit Freunden, Verwandten oder in Mailinglisten und Newsgroups über E-Mail kommuniziert, gewöhnt sich schnell einen scherzhaften Ton an. Dagegen ist nichts einzuwenden, ebenso wenig gegen die Nutzung von Smileys oder Akronymen in diesen Zusammenhängen.[3]

> In der Geschäftkorrespondenz über E-Mail sind die im Freizeitbereich üblichen Gewohnheiten fehl am Platz. Korrekte Briefe nach den Regeln der Rechtschreibung, mit ordentlicher Anrede und dem für Schreiben üblichen Gruß, sind angemessen.

Millionen hängen allein in Deutschland am Netz, aber sie benutzen nicht die gleichen Betriebssysteme und Mailprogramme. Viele Auszeichnungen – fett, unterstrichen, kursiv und Schriftarten – ge-

---

3 :-) ist ein Smiley, es bedeutet ein freundliches Lachen;-) ein Augenzwinkern. Akronyme sind die vor allem in den USA üblichen sprechenden Abkürzungen wie ASAP für as soon as possible, so schnell wie möglich oder FYI for your information, zu Ihrer Information.

hen verloren, weil das Programm, mit dem einer liest, anders arbeitet als das des Absenders. Deswegen die Empfehlung:

> Verzichten Sie auf alle Formatierungen, schicken Sie nur einen einfachen Text.

Vorsicht bei Anhängen! Viele Leser fürchten Viren und andere Schädlinge, die auch durch E-Mail übertragen werden können, sie lassen Nachrichten mit Anhang gleich auf dem Server löschen. Oft sind auch Netzanschlüsse mit niedrigen Datenübertragungsraten in Betrieb. Einige hundert KByte können schon durch eine als zu lang empfundene Ladezeit unangenehm auffallen.

> Schicken Sie Anhänge nur, wenn das mit dem Empfänger abgesprochen ist. Fragen Sie rechtzeitig danach, **wie groß** eine Datei sein darf.

An das Ende jeder E-Mail gehört eine Identifikation des Absenders: Name, Anschrift, Telefon, Fax und alle anderen Daten, die dem Empfänger die Arbeit erleichtern könnten. Bei einigen Mailprogrammen kann man diese Informationen in einer Datei speichern und automatisch zu jedem Brief einlesen lassen.

Völlig überflüssig sind Auszeichnungen, die zum schnellen Lesen veranlassen sollen – höchste Priorität. Diese Selbsteinschätzung wirkt wichtigtuerisch. Allerdings kann es geboten sein, dem Empfänger einen Hinweis zu geben, bis wann man eine Reaktion erwartet. Wenn zu diesem Termin keine Antwort vorliegt, kann niemand einen Telefonanruf verübeln.

5.2 Umfangreiche Texte

Broschüren, Berichte, Handbücher und andere gelegentlich sehr umfangreiche Dokumente haben eines gemeinsam: Sie machen es dem Leser oft schwer, sich in ihnen zurecht zu finden. In diesen Texten sind die **Orientierungshilfen** deswegen eine Herausforderung für den Autor. Sie verlangen, dass man sich auf besondere Weise damit beschäftigt, wie Leser das Dokument in die Hand nehmen, sich darin orientieren und finden, was sie suchen.

Inhaltsverzeichnis

Enthalten Texte mehr als vier Seiten, ist es oft sinnvoll, ein Inhaltsverzeichnis einzurichten. Es braucht keine eigene Seite zu belegen, kann auch aus nur wenigen Zeilen bestehen und sich im oberen Drittel des Deckblattes befinden.

Das Inhaltsverzeichnis muss bis zum **Schluss** warten, kurz vor der Freigabe des Dokuments. Wer bei umfangreichen Texten zu früh damit beginnt, nimmt in Kauf, dass in der Hektik der letzten Phase Änderungen in Überschriften oder Seitenzahlen der Aufmerksamkeit entgehen.

Allerdings hilft es, solche Verzeichnisse während des Schreibens gelegentlich probeweise durch die Software anlegen zu lassen. Die Erfahrung zeigt, dass Verfasser hin und wieder offensichtliche Mängel in der Textstruktur übersehen und erst bemerken, wenn sie schwarz auf weiß als Liste dokumentiert sind:

4. Sicherheit 70
    4.1   Berechtigungen 72
    4.1.1 Benutzer und Passwort eingeben 73
    4.2   Systemsicherheit im Betrieb 78

Das Kapitel 4.1.1 zeigt eine Schwäche der **Textgliederung,** die behoben werden muss: *Erstens* ist Unsinn, wenn kein *Zweitens* folgt. Beim Tippen schleicht sich schnell ein Fehler dieser Art ein. Der kritische Blick auf das Inhaltsverzeichnis zur Probe offenbart ihn, man kann die Struktur korrigieren, bevor der Zeitdruck zum Projektende sich auswirkt und Änderungen unmöglich macht.

Das Inhaltsverzeichnis darf nicht zu ausführlich werden. Zwei, höchstens drei Ebenen reichen. Wenn ein sehr umfangreiches Dokument, das mehrere DIN A4-Ordner füllt, ausführlichere Inhaltsverzeichnisse verlangt, hilft eine Kurzfassung im ersten Ordner, die durch ausführliche Verzeichnisse am Anfang der anderen Hefter oder Kapitel ergänzt wird.

> Mehr als drei Ebenen sind selten leserfreundlich. Überprüfen Sie, ob ein Inhaltsverzeichnis, das über zwei Druckseiten hinausgehen könnte, eventuell kurz gefasst an den Anfang des Dokuments und ausführlich vor jedes Kapitel gestellt werden kann.

Überschriften, Schlagzeilen und Headlines

Wolf Schneider hat diesem Thema ein ganzes Buch gewidmet, 150 Seiten zur Überschrift in der Presse.[4] Sie muss Aufgaben erfüllen, die oft nur schwer miteinander zu vereinbaren sind, deswegen ist die Überschrift eine besondere Herausforderung.

- Sie soll **Aufmerksamkeit** erregen,
- darf dabei nicht gegen den **guten Geschmack** verstoßen,
- muss gleichzeitig **informativ** sein und
- soll die Aussage des Textes oder der Anzeige **auf den Punkt bringen,** ohne sie zu verfälschen.

Besonders in Anzeigen dient die Schlagzeile neben einer Abbildung als Blickfang, Werber sprechen vom Aktivierungspotenzial. Ein hohes Potenzial im Wertpapierhandel hat zum Beispiel die Headline einer Anzeige: *Der beste Preis ist gar kein Preis.* Sie erregt **Aufmerksamkeit** bei der Klientel, die sie ansprechen soll.

Die Reizwirkung ist jedoch nicht alles. Ein Boulevard-Blatt versieht seinen Artikel über den Kinderwunsch einer bekannten Moderatorin mit der Überschrift *Neues vom Plapperstorch.* Diese Art Komik rührt an der Würde der so karikierten Fernsehgröße. Deswegen ist sie wenigstens grenzwertig, entfernt sich von **gutem Geschmack.**

Ob eine vorgeschlagene Überschrift **informativ** ist und die Aussage des Textes **auf den Punkt bringt,** ist ein beliebtes Thema in Redaktionssitzungen. Häufig kritisiert man, dass aus einem Vorschlag nicht hervorgeht, was im Text dann folgt. Gegenpart ist die Kritik, dass eine Überschrift langweilig sei. Wo der beste Platz zwischen den Polen Aufmerksamkeit und Information ist, bestimmen wenigstens zwei Faktoren:

(1) Die Aufgabe des Textes: In sicherheitsrelevanten Dokumenten, Gebrauchsanleitungen und vergleichbaren Unterlagen hat die Überschrift ausschließlich die Aufgabe zu informieren. Die anderen Funktionen müssen sich dem unterordnen. Dagegen stellen werbliche Texte die Aufmerksamkeit in den Vordergrund.

---

4 Schneider, Wolf; Esslinger, Detlef: Die Überschrift. Sachzwänge, Fallstricke, Versuchungen, Rezepte. 2. Aufl., München: List, 1998.

Wenn die Headline als Blickfang wirkt, ist der Informationsgehalt nahezu unbedeutend.

(2) Die Stellung der Überschrift im Dokument: In einem umfangreicheren Text ist es eher erträglich, wenn das Spiel mit Wort und Satz zu Lasten der Information geht. Der Verlust an Inhalt zu Gunsten der Aufmerksamkeit richtet keinen Schaden an, wenn Abschnitt oder Kapitel sich einer Struktur unterordnen, die der Leser als Ganzes wahrnimmt.

Ein Beispiel aus dem ersten Kapitel: Die Überschrift *Das limbische System* wäre entsetzlich langweilig und würde schon beim Durchblättern abschrecken. Was gibt es über das System zu sagen? Es *steuert* und ist entwicklungsgeschichtlich *uralt*. Von dieser Überlegung bis zur endgültigen Version *Der alte Steuermann* ist es dann nur noch ein kurzer Weg. Das Ergebnis liest sich besser und gibt dem Text etwas Spannung.

Advance Organizer

»In diesem Abschnitt erfahren Sie, welche Bedeutung es für das Textverstehen hat, wenn am Anfang jedes Kapitels eine kurze Übersicht steht.«

Der voranstehende Absatz ist ein Advance Organizer, eine **Vorstrukturierung** dessen, was den Leser erwartet.

Eine kurze Einführung dieser Art fördert das Verständnis und ist besonders angeraten

• für Schulungsmaterial und

• in Texten, die komplizierte Sachverhalte erklären.

In diesen Bereichen ist der Nutzen einer didaktisch motivierten Übersicht des Themas unstrittig, in anderen würde sie eher störend wirken.

Der Advance Organizer muss an das Vorwissen des Lesers anknüpfen, er darf keine neuen Konzepte enthalten, die erst im folgenden Kapitel erklärt werden. Fremd- und Fachwörter sowie Abkürzungen, die der Erklärung bedürfen, haben in diesem Textteil nichts zu suchen. Im Idealfall gibt der Advance Organizer Auskunft darüber, wie eine Lektion sich in das Lernprogramm einordnet. Er zeigt auf einen Blick, welche Mühe die Arbeit bereiten wird, womit man rechnen muss und ob sich der Aufwand lohnen wird. Wenige Sätze müssen reichen.

Zusammenfassung

Einige Leser freuen sich über ein Resümee. Mancher liest es zuerst und entscheidet dann, ob ein Lesen des ganzen Kapitels überhaupt lohnt.

Wenn es am Anfang eines Dokuments steht, hat sich auch der Name *Abstract* eingebürgert. Dieser Textteil kondensiert die wesentlichen Aussagen des gesamten Textes. Er darf keine Informationen oder Schlussfolgerungen enthalten, die nicht auch in der Langfassung stehen.

Ob zu Beginn oder am Schluss des Kapitels oder Dokuments postiert, sollte man die Zusammenfassung erst schreiben, wenn die Arbeit an dem Text, über den sie berichtet, abgeschlossen ist. Zu groß ist das Risiko, dass man etwas vergisst oder der Abstract einen Gedanken enthält, der im Text fehlt.

Zusammenfassungen enthalten keine Grafiken, Tabellen oder bibliographischen Angaben. Eine Ausnahme von dieser Regel sind **Kurzfassungen** umfangreicher Berichte für Management und Geschäftsleitung, manchmal auch von Forschungsergebnissen.[5] Sie sind oft ein eigenes Dokument und dienen dazu, Kernaussagen sowie wichtige Daten und Fakten für Entscheider zu komprimieren. Die Arbeit an solchen Texten ist für den Autor eine Gradwanderung, denn er darf nichts Wichtiges vergessen, soll aber gleichzeitig alle überflüssigen Details weglassen. Wenn man die Kurzfassung als eigenes Dokument übergibt, kann sie auch wichtige Tabellen oder Grafiken enthalten. Weil ein solcher Text immer **unter Zeitdruck** gelesen wird, ist eine absteigende Gliederung der Fakten angemessen – vom Wichtigen zum Unwichtigen.

---

5 In multinationalen Unternehmen hat sich für diese Form des Berichts an die Geschäftsleitung der Name *Executive Summary* durchgesetzt.

Das Glossar

Ein Fachwortverzeichnis ist immer sinnvoll, wenn
- der Text Wörter nutzen muss, die erhebliches Vorwissen voraussetzen,
- die Begriffsverwendung in der Literatur nicht einheitlich oder sogar firmenspezifisch ist,
- abzusehen ist, dass der Leser den Text nicht von der ersten bis zur letzten Seite durcharbeitet, er Erklärungen deswegen überlesen könnte,
- die Lesergruppe heterogen ist.

Das Glossar ist ein alphabetisch geordnetes Nachschlagewerk. Jeder Eintrag muss für sich verständlich sein. Er darf nicht voraussetzen, dass der Leser zuvor einen Teil des Textes liest, um die Erklärung des Begriffs zu verstehen.

Index

Ein Index ist für den Leser manchmal die wichtigste Suchhilfe. Abhängig vom Projekt und den sprachlichen Konventionen im Unternehmen ist es ein Sach-, Stichwort- oder Personenverzeichnis, das auf den letzten Seiten eines Buches steht oder für elektronische Dokumente in einer eigenen Datei gespeichert ist.

In Papierdokumenten kann man dieses Verzeichnis fertig stellen, nachdem der Text endgültig formatiert und für den Ausdruck vorbereitet ist. Erst dann stehen die Seitenzahlen fest. Oft ist aber die Zeit knapp, der Auftraggeber wartet und hat selten Verständnis dafür, dass ein Buch nur wegen des Verzeichnisses ein oder zwei Tage später in Druck gehen soll. In manchen Büchern und umfangreichen Dokumenten fehlt deswegen der Index, oder er ist von so schlechter Qualität, dass man ihn kaum benutzen kann.

Eine Lösung ist es, das Stichwortverzeichnis parallel zum Schreiben zu entwickeln. Je nach Vorliebe nutzen einige die **Indexfunktion** der Textverarbeitung, andere bevorzugen eine eigene Indexdatei.

Die Indexfunktion nutzt wenig, wenn der Text seine endgültige Gestalt in der Druckvorbereitung von einer anderen Software, einem professionellen Satzsystem, erhält. Alle Seitenzahlen müssen dann ohnehin kontrolliert und von Hand geändert werden.

Die **Indexdatei** kann eine einfache Textdatei sein, ohne Formatierungen. Sie liegt geöffnet im Hintergrund und kann während des Schreibens oder in kreativen Pausen gepflegt werden. Die Einträge wie auch die Seitenzahlen sind vorläufig. Erst im zweiten Schritt, kurz vor der Freigabe, kann der Verfasser die Einträge redaktionell bearbeiten, sie ordnen, einige ersetzen, fehlende hinzufügen und überflüssige entfernen.

Indexeinträge sollten aus einem, höchstens zwei Wörtern bestehen, keine Artikel und Bindewörter enthalten.

Zeitaufwändig ist die inhaltliche Arbeit am Verzeichnis, der Autor
- setzt **Prioritäten,** weil zu viele Seitenzahlen für einen Eintrag den Nutzen verringern,
- berücksichtigt **Fragestrategien** der Leser, findet Synonyme für Querverweise,
- ordnet und **gruppiert** die Einträge in Ebenen.

Ebenen:
Nutzen Sie die Möglichkeit, Indexeinträge hierarchisch zu gestalten, einem Suchbegriff Unterbegriffe zuzuordnen:

Datei 18, 30, 41–46
    einrichten 41
    löschen 30, 43
    öffnen 45

Ebene 1 ist der Eintrag *Datei,* Ebene 2 sind die Stichwörter *einrichten, löschen* und *öffnen.*

Beginnen Sie Einträge der ersten Ebene immer mit einem Großbuchstaben. Bei mehr als zwei Ebenen ist der Index für den Leser schwer zu handhaben, mehr als drei Ebenen sind nicht sinnvoll.

Wonach sucht der Leser? Im Beispiel oben wäre es auch denkbar, dass die Suche nicht bei dem Objekt *Datei* beginnt, sondern bei der Aktion, dem Löschen. Wenn diese Überlegung das Lesen erleichtern kann, ist eine **Vertauschung** der Begriffe und ein zweiter Eintrag sinnvoll:

Löschen
   Datei 30, 43
   Text 62

Seitenverweise: Einige Indexfunktionen verknüpfen aufeinander folgende Seitenzahlen: 41–50. Geläufig ist auch die Form 41 ff. Die Verknüpfung von nur zwei Folgeseiten ist allerdings irritierend, statt 41–42 ist 41 f. üblich.

> Markieren Sie die Seiten halbfett, auf denen ein Begriff erklärt wird. Der Leser weiß dann, wo er nachschlagen muss, wenn ein Wort unbekannt ist.

Wissensmanagement   17, **20–22**, 31–35

Querverweise: Diese Einträge verweisen nicht auf Seiten im Text, sondern **innerhalb** des Indexes. Zur Auswahl stehen *Siehe auch* oder *s. a.* und *Siehe* oder *s.* Beide sind oft kursiv markiert.

Wissensmanagement   17, **20–22**, 31–35
   Siehe auch Informationsmanagement

Dieser Hinweis ist eine Ergänzung, die dem Suchenden nutzen könnte.

Blinker
   Siehe Fahrtrichtungsanzeiger

Der Querverweis *Siehe* dient als Festlegung eines Begriffs. Es bedeutet: In diesem Dokument verwenden wir nicht den Begriff, nach dem Sie suchen – informieren Sie sich unter dem von uns gesetzten Eintrag.

5.3 Internetseiten und Multimediadokumente

Wie jeder Text ist auch Geschriebenes im Internet nur brauchbar, wenn Leser es verstehen können. Deswegen wundert es nicht, dass die meisten Empfehlungen für Internettexter sich im Großen und

Ganzen auf das Hamburger Verständlichkeitsmodell und eine Hand voll Tipps beschränken, Struktur und Länge der Sätze, Wortwahl – nichts Neues für Profitexter.

Wirklich neue Eigenschaften gelungener Internettexte berücksichtigen zwei herausragende Faktoren, die für dieses Medium bezeichnend sind:

- die Struktur von **Hypertext** und
- das typische **Leseverhalten** im Netz.

Geschnitten oder am Stück?

Wenn ein Roman gefällt, liest man ihn vom Anfang bis zum Ende. Früher wurden Texte fast nur so präsentiert, vom Vorwort bis zur letzten Seite. Man hat aber nicht alle Bücher und Aufsätze wie Romane gelesen. Besonders in der Wissenschaft ist schon seit langem auch eine andere Lesart typisch: Ein Aufsatz enthält den Hinweis auf ein Buch, dieses besorgt, Kapitel aufgeschlagen, weitere Spur entdeckt, der nächste Text, darin mehrere neue Titel bemerkt, Quellen, Positionen und Kritiken gefunden und immer so weiter. Man liest, was wichtig ist, hier ein Kapitel, dort wenige Seiten, in einem anderen Buch nur Absätze. Zum Schluss liegt ein Stapel Papiere auf dem Tisch, Zettel in Büchern, Notizblätter.

Alles fügt sich zu einem Gesamtbild, beeinflusst das eigene Denken und Argumentieren, obgleich es nirgendwo als ein durchgängig formulierter Text zu finden ist. Diese Textteile, die irgendwie im Gedächtnis des Lesers miteinander verknüpft werden, sind nichts anderes als eine individuelle Form von **Hypertext**. *Hyper-*, die altgriechische Vorsilbe, will sagen: Ein Text, der sich irgendwie *über* den einzelnen Textteilen liegend herstellt, nicht wirklich fassbar, auf einer anderen Ebene.

Dieses Prinzip haben Wissenschaftler für das Internet nutzbar gemacht. Es stand am Anfang des Mediums, das heute jedes Schulkind wie selbstverständlich *World Wide Web* oder nur *Web* nennt, WWW. Der Text im Internet ist ein Hypertext in einer von zwei Erscheinungsformen:

(1) Er präsentiert sich als **Ganzes,** das man von der ersten bis zur letzten Zeile am Bildschirm lesen kann. Mehr oder weniger mit

anderen Dokumenten verknüpft, ist er manchmal nur ein traditionelles Erzeugnis, das seine Autoren einfach ins Netz gestellt haben, kein wirklicher Hypertext also. Durch die Möglichkeit zur elektronischen Verbindung mit anderen Dokumenten unterscheidet er sich aber schon von dem klassischen Druckerzeugnis auf Papier.

(2) Der echte Hypertext ist in Stücke zerlegt, in **Module** zergliedert. Leser entscheiden selber, welche Teile sie auf den Bildschirm laden und ansehen wollen. Man spricht vom Text und meint eine Einstiegsseite mit Angeboten zur Verknüpfung, zum Sprung auf weitere Seiten.

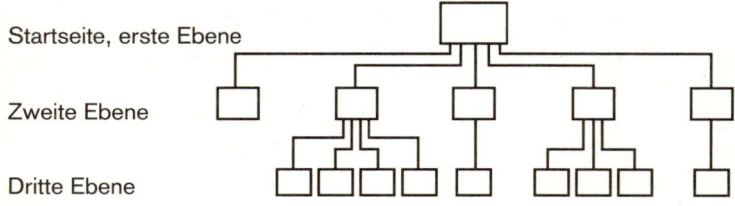

Startseite, erste Ebene

Zweite Ebene

Dritte Ebene

Ob klassisches Dokument mit notdürftiger Anpassung ans Web oder echter Hypertext: Dem Benutzer bietet sich ein unfassbarer Reichtum an Geschriebenem, Ton und Film, das er nach eigenem Geschmack zusammenstellen kann. Er ist Gestalter seiner Reiseroute durch den Textraum.

Für **Texter und Anbieter** der Internetseiten liegen darin Chancen und Fallen. Sie haben kaum noch Möglichkeiten, die Reisewege der Leser zu kontrollieren. Wer auf der Seite eines Herstellers beginnt, landet bei einer Tageszeitung, im Stern, Spiegel oder Handelsblatt, in Bibliotheken, Datenbanken oder auf beliebigen anderen Angeboten.

> Die Herausforderung besteht darin, so viele Leser wie möglich auf die eigenen Seiten zu locken, mit Lesestoff zu versorgen, so lange wie möglich zu halten und zum Wiederkommen zu veranlassen.

Darin liegen die Voraussetzungen für einen geschäftlichen Erfolg der Internetpräsenz. Das Angebot im Netz lebt von der Zufriedenheit der Leser. Ziel einer **kommerziellen Website** ist es, Stammkunden zu gewinnen, die möglichst lange verweilen, gerne wiederkommen und die Adresse anderen weiterempfehlen. Einkäufe, Buchungen und Bestellungen hängen davon ab, dass der Internetbesucher die Seiten akzeptiert.

Im Unterschied dazu begnügen sich der öffentliche Dienst, Institutionen und Verbände oft damit, die Öffentlichkeit – in Vereinen· auch Mitglieder und Interessenten – zu informieren.

Den Leser auf die eigene Seite locken, ihn in diesem Textraum halten und nicht wieder verlieren – wie geht das?

Lesen und Leseverhalten im Internet

Internetseiten schauen Sucher oder Surfer[6] an, sie recherchieren oder bummeln. Die einen bleiben nur, wenn sie finden, wonach sie suchen. Um das Interesse der anderen muss eine Seite kämpfen. Die Konsequenz für den Texter:

(1) **Übersichtlich** gestalten,
(2) **Aufmerksamkeit** wecken,
(3) so weit wie möglich jedes **überflüssige Wort** vermeiden,
(4) **schnelle Ladezeit** garantieren,
(5) **Hintergrundinformation** bereitstellen und
(6) **Service** bieten.

Forderungen, die weit über das bloße Texten hinausgehen. Schon aus diesem Grund kann es keine einfache Anleitung für das Schreiben im Internet geben: Informatiker, Webdesigner, Texter und Grafiker müssen zusammenarbeiten, um Leserinteresse, Firmenziele und Ansprüche an die Corporate Identity unter einen Hut zu bringen.

Auf diesem Gebiet lernen auch Profis ständig dazu. Gute Anregungen kommen von Dienstleistern, die Firmen in der Gestaltung des Webauftritts beraten und von Journalisten. Die Website des selbstständigen Unternehmensberaters Jakob Nielsen, der schon seit langem eigene Untersuchungen über Leseverhalten und Bild-

---

6 Seibold, Balthas: Klick-Magnete, S. 49.

Beispiel Internetpräsenz der Zeit im Dezember 2002: Gehaltvoll, dennoch Weißraum, keine überladene Seite. Die Inhalte sind sauber gruppiert: Im Kopf Verlagsangaben und Informationen zu allem, was der Leser über die Zeitschrift fragen könnte. Anklicken genügt. Links oben der Ticker, gefolgt von Themen-Dossiers. Rechts die klassischen Rubriken, darunter die Such-funktion. In der Mitte die großen Themen des aktuellen Heftes.

schirmaufbau veröffentlicht, ist ein Muss[7], ebenso das sehr aufwän-dig gestaltete Buch von Stefan Heijnk.[8]

(1) Übersichtlich:

Leser spendieren einer fremden Website nur wenig Zeit. Ist die Seite übersichtlich gestaltet, kann er sich orientieren, findet sich zu-recht, steigen die Chancen für eine längere Verweildauer.

Der Internetleser liest zunächst **flüchtig,** er liest quer, überfliegt die

---

7 http://www.useit.com/
8 Heijnk, Stefan: Texten fürs Web.

Seite. Deswegen wären Buchstabenwüsten fehl am Platz. Einrückungen, Ordnung, Markierung des Wichtigen und die Links oder Sprungverweise zu anderen Dokumenten, Texten, zu Film, Ton und Bild zeigen auf den ersten Blick, was die Seite bietet, wie der Besucher weiterlesen kann.

Wenn der Leser einer Fährte folgt, will er mehr zum Thema erfahren. Er öffnet eine neue Seite und erwartet, dass sie seinen Wissensdurst befriedigt.

(2) Attraktiv:

Jede Seite kämpft um die Aufmerksamkeit ihrer Besucher. Warum sollte einer verweilen, was erwartet ihn an spannenden Details, wenn er auf den nächsten Link klickt?

Mit Sensation, Überirdischem, Herz, Schmerz, Sehnsucht, Glamour, Prominenz, ergreifenden Geschichten und Sex locken die Boulevardblätter. Davon unterscheiden sich Fachzeitschriften, die neue Produkte vorstellen, über Erfindungen berichten, Trends aufzeigen, Fragen beantworten und von Neuigkeiten aus Forschung und Entwicklung erzählen.

Anders als die Presse: Ein mittelständischer Betrieb informiert über Produkte, liefert Hintergrundwissen, bietet Dienstleistungen an und nutzt den Webauftritt zum Knüpfen von Kontakten.

> Jeder Anbieter muss einen Seitencocktail mixen, der seine Zielgruppe interessieren wird.

Wie macht man auf eigene Seiten aus dem eigenen Angebot aufmerksam, nimmt Einfluss auf die Reiseroute des Besuchers? Wenig geeignet sind einfache **Linklisten,** untereinander gestellte Sprungverweise. Man kann sie als Instrument nutzen, um Zugang auf feste Rubriken, Abteilungen oder Ereignisse zu verschaffen. Einige Wörter oder Einzeiler sind aber nicht geeignet, über Neuigkeiten zu informieren und zu einen intensiven Besuch weiterer Seiten zu veranlassen. Je länger eine solche Liste ist, desto wahrscheinlicher nutzen Besucher nur die ersten Adressen, den Rest nehmen sie nicht wahr.

Ganz anders der **Teaser,** ein Zwei- oder Dreizeiler, der zum Klicken auf eine andere Seite einlädt. Gute Teaser sind um einiges zugespitz-

news Linux für Supercomputer Toshiba und NEC können zulegen Photonik-Spezialist JDS ist noch nicht übern Berg Nintendo soll gegen EU-Wettbewerbsrecht verstoßen haben Amazon.com legt erneut kräftig zu Disney und Microsoft mit gemeinsamem Online-Dienst Telekom-Chef Sihler bereitet Nachfolger den Boden Listen.com mit "brennbaren" Songs	**c't 22/2002 21.10.2002**  **Digitale Videorecorder** Die neue TV-Freiheit DVB-S-Receiver mit Festplatte Digitale Videorecorder für Analog-TV Das laufende Fernsehprogramm auf Knopfdruck anhalten und später fortsetzen, eine Sendung von vorne ansehen, noch während die Aufzeichnung läuft, und die elektronische Programmzeitschrift ist auch schon drin: Digitale Videorecorder sind die Fernsehzukunft, und ihre Bildqualität lässt die VHS-Kassette alt aussehen.
Linkliste in der Zeitschrift c't	Gleiche Ausgabe der c't: Link mit Teaser

ter als der Vorspann oder Lead[9] eines Artikels in Printmedien. Sie erzeugen Spannung, lassen den Besucher eine Frage stellen, die man nur durch Besuch auf der nächsten Seite beantworten kann.

> Deswegen nicht gleich alle W's beantworten, es muss auch noch Grund zum Weiterklicken geben.

Ein anderer Weg ist der Link im Text. Es ist die zweitbeste Lösung, weil der Leser selten weiß, worauf er sich einlässt, wenn er diesen Weg geht. Das Geschriebene wird auch schnell unlesbar, wenn Hervorhebungen mit Verknüpfungen um die Aufmerksamkeit des Besuchers ringen.

(3) Kurz und knapp:

Wo bloß wenige Zeilen zur Verfügung stehen, sind nur unverzichtbare Wörter erlaubt. Übersättigte und überreizte Leser klicken weg, was nicht sofort und auf dem kürzesten Weg ins Gehirn gelangt. Vielleicht kann man nicht jedes **überflüssige** Wort vermeiden,

---

9 *Lead* ist der journalistische Ausdruck für einen Vorspann, der halbfett gesetzt vor dem eigentlichen Artikel steht.

doch kann schon der Versuch, sparsam zu schreiben, den Text optimieren.

(4) Zeit ist Geld:

Vielen Autoren ist das Internet eine Spielwiese ihrer Kreativität. Filmchen, Gags und Töne, meist überflüssige Animationen auf Kosten der **Ladezeit** und damit vieler Leser. Manches kann man nicht einmal ansehen, weil zuvor eine neue Software zu laden wäre.

Verspielte Seiten stehlen Besuchern die Zeit. Die revanchieren sich mit dem härtesten Urteil, das im Netz fallen kann: Sie klicken weiter, bevor sich der bunte Zauber auf dem Bildschirm entfalten kann.

> Die Zeit des Kunden ist kostbar. Weniger ist mehr.

(5) Am Kundennutzen orientieren:

Wer **Hintergrundinformationen** sucht, soll sie am besten über die gleiche Adresse erhalten. Alle Produktdokumentation, auch ältere Versionen, können über die Website zugänglich sein. Die Pressemappe, Firmengeschichte und alles, das einen Profibesucher interessieren könnte, hat auch Platz auf dem Internetserver, am besten als PDF-Datei.

(6) Hilfreich:

Service-Informationen, Tipps und Tricks im Umgang mit Produkten, Verantwortliche, Telefonnummern und Adressen gehören auf die Website. Gut gestaltet und ständig aktualisiert sind sie Geschäftspartnern ein Anreiz zum Besuch.

Buffet statt Menu

Der ideale Hypertext ist modular geplant, ein Buffet zur freien Auswahl, dennoch eine feste Reihenfolge empfehlend: Vorspeise, Salate, Hauptgänge, Dessert. Sein Autor muss ihn als Ganzes sehen, gleichzeitig als miteinander verknüpfte Häppchen, die der Leser auf seinen Teller laden kann, wenn sie ihm attraktiv erscheinen.

Die Unterschiede zu papierenen Texten liegen für den Profi eher in der Struktur als in Wortwahl und Satzbau. Die Gliederung jeder

Seite und des gesamten Dokuments muss transparent und auf den ersten Blick zu erfassen sein. Wenn diese Bedingung erfüllt ist, sind auch Textmengen am Bildschirm noch lesbar, die auf Papier ein bis zwei DIN A4-Seiten füllen könnten. Für den, der so nicht lesen will, bietet die kundenfreundliche Lösung ein PDF-Dokument an, das der Besucher herunterladen und ausdrucken kann.

Profitexter und Multimedia

Ein Hersteller benötigt Schulungsunterlagen für Monteure und beauftragt den im Haus beschäftigten Profitexter damit, das Material herzustellen. Nach kurzer Analyse und Gesprächen mit Trainern gelangt man zu der Gewissheit, dass die Schulung als Lehrgang im Übungsraum stattfinden muss, aber auch einer Ergänzung durch Multimediakomponenten bedarf. Es hat sich herausgestellt, dass die Arbeit an einigen Produkten nur im lebensnahen Betrieb gezeigt werden kann. Wartungsarbeiten an einem Kran oder einer Weichenanlage studiert man am besten wirklichkeitsnah. Da es aber schwierig wird, mit einem ganzen Lehrgang häufig Baustellen zu besuchen oder über Gleisanlagen zu laufen, ist der Film und die multimediale Ergänzung des Unterrichts im Klassenraum eine ideale Lösung. Schon ist der Schreiber inmitten einer Multimediaproduktion, eines Hypertextes besonderer Art.

Solche Aufgaben benötigen die Unterstützung professioneller Autoren auf zwei Ebenen:
• Drehbuchentwicklung,
• Texte für Ton und Bild.

Wodurch sich ein gutes Drehbuch auszeichnet, ist heute keine Frage mehr, Drehbuchschreiben ist neben der Kunst auch ein echtes Handwerk. Man kann es studieren, der Buchmarkt bietet zudem einige ausgezeichnete Titel an. Software-Hersteller vertreiben Autorensysteme, mit denen die Arbeit leichter von der Hand geht. Kurz: Wer Interesse am Drehbuch für Film und Fernsehen findet, kann sich ohne Schwierigkeiten wenigstens mit den Grundlagen dieses Geschäfts vertraut machen.[10]

---

10 Weitere Tipps enthält das Literaturverzeichnis.

Weniger Klarheit herrscht über das Schreiben eines Multimedia-drehbuchs. Diese Dokumente, die meist *Storyboard* genannt werden, sind neueren Datums und werden in jedem Unternehmen anders gehandhabt. Sie sind von etwas anderer Art als ihre Verwandten in Filmproduktionen.

(1) Sie enthalten oft Elemente **klassischer Drehbücher,** die immer dort benötigt werden, wo Filmsequenzen zu erstellen sind: Plot,[11] Darsteller, Handlungen, Raum, Licht, Ton und gesprochene Texte. Das Drehbuch ist die Grundlage dafür, dass Regie, Kameraleute, Beleuchtung, Tonexperten und Akteure zusammenarbeiten und eine Idee in Film umsetzen können.

(2) Das Storyboard greift aber auch in den **Programmablauf** ein. Damit kommt es den klassischen Beschreibungen und Darstellungen der Software-Entwickler nahe. Während ein Film linear ist, ermöglichen Multimedia-Produkte eine echte Interaktion, Rücksprünge und Verzweigungen. Deswegen kann sich das Storyboard nicht auf Szenen und Handlungen beschränken. Es berücksichtigt das Anwenderverhalten, beschreibt Schnittstellen – Einbindung von Dateien mit Ton und Bild, Datenformate – und Anforderungen an die Programmierer.

Eine Lösung ist es, mit zwei Formaten zu arbeiten. Das Storyboard besteht dann aus

(1) vielen kleinen mehr oder weniger ausführlich gestalteten **Drehbüchern,** für jede Filmsequenz eines und

(2) einer Visualisierung des **Programmablaufs.**

Dokumente der ersten Art gehen oft an die Produktionsteams, Studios oder Zeichner, damit sie die Filmsequenzen in Angriff nehmen können.

Die Visualisierung des Programmablaufs bleibt bei den Multimedia-Entwicklern. Sie lebt und verändert sich während der Arbeit. Der erste Entwurf ist ein Vorschlag, er gibt für alle Projektbeteiligten den Rahmen an, wird aber im Detail noch verändert. Häufig besteht er aus drei Komponenten:
• einem Programm-Ablaufplan,

---

11 Fachausdruck für das Gerüst, den Handlungsablauf.

- Szenenbeschreibungen und
- Anweisungen für Bildschirmaufbau und Datenaustausch.

Beiträge des Texters sind

(1) die am **Bildschirm** anzuzeigenden Texte,
(2) **Beschriftungen** von Schaltflächen und Menüs sowie
(3) die Vorlagen zum **Sprechen und Vorlesen.**

Sie verlangen Vorarbeiten, eine gründliche Auswahl der Terminologie und Proben.

(1) Am **Bildschirm** muss jeder Text in sich schlüssig sein. Nur in wenigen Ausnahmefällen darf man dem Benutzer abverlangen, dass er ein Glossar öffnet oder auf anderen Wegen nach einer Erklärung sucht. Multimediaproduktionen setzen Text auf einer Bildschirmseite meist sparsam ein. Deswegen fällt es nicht störend auf, wenn die Wortwahl etwas langweilig wird: Gleiche Handlung, gleicher Sachverhalt = gleiches Wort. Abwechslung in der Wortwahl erfreut nicht, sie würde irritieren.

(2) Noch strenger muss man die Regeln für eine **Beschriftung** der Schaltflächen und aufklappbaren Menüs handhaben. Bei umfangreichen Produktionen geht es nicht ohne einen Style Guide oder wenigstens eine verbindliche Regelung des Sprachgebrauchs. Oft ist es sinnvoll, die Wortwahl an derjenigen zu orientieren, die auch der Hersteller des Betriebssystems verwendet. Eine Recherche ist unvermeidlich, mit etwas Glück sind im Internet Terminologielisten kostenlos über eine Netzadresse für Systementwickler zugänglich.

Ein Beispiel: Listen der Firma Microsoft® sind zur Fertigstellung dieses Buches im Excel-Format über das Internet oder das von Programmierern genutzte Developer Network erhältlich. Das Wort für *Browse* ist in der Tabelle für Windows® 98[12] immer mit *Durchsuchen* übersetzt. Mit diesem Wort muss eine eigene Schaltfläche der Multimediaproduktion beschriftet sein, wenn sie eine entsprechende Funktion auslöst. Beschriftungen wie *Durchblättern, Nachsehen, Suchen, Kontrollieren* wären ein Fehler, weil sie der typischen Benutzerschnittstelle dieses Be-

---

12 Die Liste ist unter dem Namen De_W98.XLS erhältlich. Alle Microsoft-Glossare sind urheberrechtlich geschützt.

triebssystems widersprechen würden. Sie könnten den Anwender irritieren.

(3) Texte für das Hörverstehen, zum **Sprechen** und **Vorlesen,** fordern ein eigenes Buch, das der Markt zum Glück anbietet. Wer sich langfristig mit solchen Aufgaben befasst, sollte den Titel von Wachtel[13] durcharbeiten.

Eine kurzfristig helfende Krücke kann die Arbeit mit einem Diktiergerät sein. Man entwickelt einen ersten Entwurf **nicht** am Bildschirm, sondern spricht ihn auf das Gerät. Immer wieder korrigieren, so lange, bis auch ein hilfreicher Kollege findet, dass sich der Text brauchbar anhört. Erst dann schreibt man ihn auf, optimiert und redigiert ihn. Anschließend wieder eine Sprechprobe. Kann man vernünftig betonen, in Sinneinheiten vorlesen? Erneut verbessern, bis Autor, Probesprecher und -hörer zufrieden sind.

5.4 Dokumente für internationale Märkte

Eine Broschüre für die Kunden im eigenen Land geht zum Übersetzer, dieser verwandelt die Sätze in englische, japanische oder arabische. Grafische Gestaltung, Druck und Versand folgen, die Kunden sind zufrieden.

Die Praxis zeigt: Je weniger Erfahrung Unternehmen auf internationalen Märkten haben, desto eher neigen sie zu einer derart vereinfachten Sichtweise. Dass sie scheitern oder mit ihren Erfolgen wenigstens weit hinter den Möglichkeiten bleiben, ist unvermeidbar.

Wer aber die Zusammenarbeit mit erfahrenen Dienstleistern sucht, deren Geschäft es ist, Firmenpublikationen an fremde Märkte und Kulturen – nicht nur Sprachen – anzupassen, kann selbst unter ungewöhnlichen Bedingungen gute Geschäfte machen. Profiautoren, die für internationale Märkte schreiben, unterstützen diese Anpassung, sie garantieren, dass

- Übersetzer keine unnötige Mehrarbeit haben, deswegen
- keine überflüssigen Kosten entstehen,

---

13 Wachtel, Stefan: Schreiben fürs Hören. Trainngstexte, Regeln und Methoden. 2., üb. Aufl., Konstanz: UVK, 2000.

- die Dokumente qualitativ überzeugen,
- Ziele erreichen und
- Botschaften des Unternehmens erfolgreich kommunizieren.

Andere sind anders

Unbestreitbar entscheidet die Leseranalyse über den Erfolg eines umfangreichen Textes. Wer nicht weiß, wen er anspricht, wird auch nicht den richtigen Ton treffen. Dass man dennoch häufig auf Analysen verzichtet, liegt nicht allein am Budget und an der zu knappen Zeit. Ebenso entscheidend ist, dass man sich auf das Sprachgefühl erfahrener Autoren verlassen kann. Wer einige Jahre in diesem Geschäft arbeitet und mit offenen Augen durch die Welt geht, irrt sich selten gründlich mit seinen Vorstellungen über einen dem Leser angepassten Sprachgebrauch. Er kennt die Kultur **unseres** Landes, Lebensgewohnheiten, Einschätzungen und Wertvorstellungen.

Doch nur wenige haben dieses Wissen auch über unsere Partner in der Europäischen Union, können sagen, welche Vorlieben ein Grieche oder Finne in vergleichbarer sozialer Stellung mit einiger Wahrscheinlichkeit zeigt. Völlig chancenlos sind die meisten dann in ihren Urteilen über die Menschen jenseits der Grenzen Europas.

In der Wissenschaft gewann seit den neunziger Jahren der Gedanke der interkulturellen Beziehung an Bedeutung. Forscher diskutieren nicht nur über die **Außenwirkungen** einer Kultur, ihrer Entwicklungschancen, Kooperationsfähigkeit und Expansionsdrang. Verstärkt legen Untersuchungen jetzt auch Wert auf die **Innensicht**. Dafür können sie seit einiger Zeit Kriterien nutzen, die sinnvoll auf alle Zivilisationen anzuwenden sind.

> Wissen um kulturelle Prioritäten ist die Voraussetzung für ein Gelingen der Kommunikation zwischen Kulturen.

Zu den bedeutenden Arbeiten auf diesem Gebiet gehören die Untersuchungen Geert Hofstedes an Befragungen von Mitarbeitern der Firma IBM in über 50 Ländern.[14] Sie geben Auskunft über das bevorzugte Verhalten in vier Bereichen:

---

14 Hofstede, Geert: Lokales Denken, globales Handeln.

(1) Soziale Ungleichheit und Autorität,
(2) das Verhältnis vom Einzelnen zur Gruppe,
(3) die Ebene des Geschlechts, Bedeutung der Geschlechtszu-gehörigkeit und
(4) den Umgang mit Konflikten, Aggression, Emotion und Kon-fliktvermeidung.

Die Differenzen sind gewaltig, wie nur wenige Beispiele der um-fangreichen Untersuchung zeigen:
(1) Während einige im sozialen Gefälle die Voraussetzung für das Funktionieren ihrer Gesellschaft sehen, schätzen andere die Nivellierung der Ungleichheiten.
(2) Eine Kultur hebt die Eigenverantwortung hervor, das selbst ent-scheidende Individuum, die andere favorisiert Gruppenpro-zesse.
(3) Die in den wissenschaftlichen Kategorien eher feminine Gesell-schaft will Konflikte beilegen, indem sie verhandelt, einen Kom-promiss sucht. Maskuline Kulturen tragen Unstimmigkeiten aus.
(4) Wer Unsicherheiten fürchtet, unterdrückt Abweichungen. An-dere reagieren tolerant.

Weitere Unterscheidungen berücksichtigen kurz- oder langfristi-ges Denken und Planen, den Umgang mit der Zeit. Welche Rolle kulturelle Differenzen im Zeitverständnis schon mitten in Europa spielen können, wurde mit dem Erscheinen eines amerikanischen Buches deutlich.[15] Über dreißig Jahre der Forschung, umfangreiche Befragungen in Deutschland, Frankreich und den USA ließen die Autoren, Edward Hall und Mildred Reed Hall zu dem Ergebnis ge-langen, dass die Kluft auch zwischen Nachbarn manchmal nur schwer zu überbrücken ist. Sie entdeckten, dass in einigen Ländern ein **geradliniges** Zeitverständnis vorherrscht, in anderen ein **ver-netztes.** Gradlinig oder monochron gehen Deutsche, Schweizer und Nordamerikaner mit der Zeit um. Eher vernetzt oder polychron sind Franzosen und Völker aus dem Mittelmeerraum.

---

15 Hall, E. T.; Reed Hall, M.: Understanding Cultural Differences.

Menschen in monochronen Kulturen	Menschen in polychronen Kulturen
• erledigen eins nach dem andern,	• bearbeiten mehrere Angelegenheiten gleichzeitig,
• konzentrieren sich auf ihren Job,	• sind leicht abzulenken und werden oft unterbrochen,
• nehmen zeitliche Verpflichtungen – Abgabetermine, Pläne – ernst,	• betrachten zeitliche Verpflichtungen als ein Ziel, das man – wenn möglich – einhalten sollte,
• wollen andere nicht stören, achten die Privatsphäre und sind rücksichtsvoll,	• halten enge Beziehungen für wichtiger als die Privatsphäre,
• betonen prompte Erledigung,	• betrachten prompte Erledigung als einen Aspekt der Beziehung,
• können gut mit kurzfristigen Beziehungen umgehen.	• achten sehr auf eine lebenslange Beziehung.[16]

Zeitliche Abläufe und Verpflichtungen, die in einem deutschen Dokument eindeutig sind, können bei einfacher Übersetzung schon in Frankreich missverständlich sein. Kurz: Die Ergebnisse der interkulturellen Forschung müssen jeden skeptisch stimmen, der meint, er könne in Deutschland bewährte Erfolgsmodelle und Kommunikationsmuster durch bloßes Übersetzen für den Weltmarkt tauglich machen.

Kein Gedanke, dass die Arbeit mit einer einfachen Übersetzung von Texten zu erledigen ist. Was bei uns begeistert, muss nicht auch in Spanien, Portugal oder Finnland überzeugen, erst recht nicht in Japan, Ghana, Indonesien oder Brasilien.

> Ein Text ist umso erfolgreicher, je mehr er Wertesysteme, Verhaltensweisen, Vorlieben und typische Lösungsverhalten einer Kultur trifft.

Konzepte

Drei Verfahrensweisen wenden Unternehmen an, um ihre Produkte sprachlich für den Weltmarkt oder wenigstens für den euro-

---

16 Nach Hall und Hall, S. 15.

päischen Binnenmarkt anzupassen. Diese Konzepte überschneiden sich und lassen sich nicht wirklich voneinander trennen:

- Übersetzung.
- Lokalisierung.
- Internationalisierung.

Die **Übersetzung** ist der klassische Weg: Autoren schreiben in deutscher Sprache und geben die Texte einer Agentur, einem Freiberufler oder im eigenen Betrieb angestellten Übersetzer. Bloßes Übersetzen ist häufig verlangt und dennoch die unbefriedigendste Lösung, weil es die kulturellen Gegebenheiten des Ziellandes nicht wirklich berücksichtigt.

Anspruchsvoller ist die **Lokalisierung:** Sie passt Text und Bild den rechtlichen, sprachlichen und kulturellen Erfordernissen des Zielmarktes an. Damit ist sie am ehesten geeignet, Texten über die kulturellen Barrieren zu helfen.[17]

Unter **Internationalisierung** versteht man einen „sprachneutralen" Ausgangstext, der an allen kritischen Stellen Variablen enthält, die man an Sprachen und Kulturen anpassen kann. Dieses Verfahren ist neuen Datums, noch besteht keine Übereinstimmung darin, wie internationalisierte Texte aussehen müssen.

Im Bereich der produktbegleitenden Literatur gewinnt eine Sonderform der Übersetzung Einfluss, die erstmals in den siebziger Jahren angewandt wurde: die **kontrollierte Sprache**.[18] Man fasst darunter Regelwerke für die Technikdokumentation. Sie enthalten Wortlisten und Satzbauanweisungen, denen die Autoren zwingend

---

17 Im Internet ist ein Portal für Übersetzer und Autoren produktbegleitender Literatur die Seite des Technikredakteurs Alexander von Obert: http://www.tw-h.de/ Zum Thema Lokalisierung bietet auch die Localisation Industry Standards Association (LISA) weitere Informationen. Dieser Verband ist ein Zusammenschluss von Unternehmen, die Dienstleistungen in der Lokalisierung anbieten oder aber durch ihre Weltmarktposition auf solche Dienstleistungen angewiesen sind, im Internet: http://www.lisa.org/

18 Die erste Version einer kontrollierten Sprache wurde 1971 von der Caterpillar Tractor Company genutzt: Caterpillar Fundamental English (CFE). Andere Firmen, die ähnliche Sprachen nutzen, sind: Kodak, Rank Xerox, Ericsson, ITT, NCR, IBM. Bekannt ist vor allem die Sprachversion der Association Européene des Constructeurs de Matériel Aerospatial (AECMA), deren Simplified English für die Luftfahrtindustrie vorgeschrieben ist.

folgen müssen. Dieses Verfahren kann die Übersetzungskosten erheblich reduzieren, ist allerdings – nicht nur in Deutschland – noch umstritten.

Teure Fallen vermeiden

Möglichst keine Nominalisierungen, keine verschachtelten Sätze – Wünsche der Übersetzer, die für Profitexter ohnehin selbstverständlich sind. Funktionsverbgefüge, zerrissene Verben: Fast alle sprachlichen Sünden, die ein Texter begehen könnte, um die Übersetzung zu erschweren und zu verteuern, sind auch Fehlgriffe in einem Text, der ausschließlich für den deutschen Markt geschrieben ist.

Besondere zusätzliche Herausforderungen sind
- die Terminologie,
- Werkzeuge und
- Eigentümlichkeiten der Sprache, Kultur und Nation.

Die Terminologie: Kleine und mittlere Unternehmen, die nicht regelmäßig Dokumente für andere Märkte lokalisieren lassen, sind gelegentlich mit der Arbeit ihrer – wechselnden – Dienstleister unzufrieden. Ungenauigkeiten in der Wortwahl treten auf, Projekte führen zu qualitativ sehr unterschiedlichen Ergebnissen.

> Suchen Sie die Zusammenarbeit mit bewährten Büros auszubauen. Vermeiden Sie den kurzfristigen Wechsel zwischen Lokalisierungsagenturen, auch wenn ein Angebot günstiger zu sein scheint.

Partner, die Produkte, Märkte und Auftraggeber kennen, können **Terminologiedatenbanken** und Übersetzungswerkzeuge, **Translation Memory Systeme,** nutzen, die ein hohes Maß an qualitativ gleichwertigen Lokalisierungen gestatten. Die Investitionen in diese Technik rentiert sich langfristig. Je nach Verfahren gestatten die Datenbanken den Musterabgleich zwischen vorangegangenen erfolgreichen Textübertragungen und dem neuen Auftrag, oder sie erleichtern die Arbeit des Übersetzers durch Anbieten von Wortpaaren, die für einen Kunden und seinen Markt typisch sind.

Je häufiger Texte zu übersetzen sind, desto wichtiger wird es, innerbetriebliche Festlegungen über den Sprachgebrauch zu treffen.

Solche Bestimmungen gehören in einen **Style Guide** oder die **Gestaltungsrichtlinie.** Wer für jeden Auftrag die Wortwahl neu überlegen muss, verpulvert Mittel, die anders besser zu nutzen wären.

> Wechselnder Wortgebrauch verteuert die Lokalisierung und gefährdet die Qualität.

Werkzeuge: Übersetzer klagen oft darüber, in welchem Zustand ihnen Dokumente übergeben werden. Papier und Datei, alles gemischt, nichts konsistent. Das erfordert Mehrarbeit, die teuer wird und an der Zufriedenheit aller Beteiligten nagt. Besser ist es, **rechtzeitig** die Arbeit der Übersetzer zu berücksichtigen: mit dem Projektbeginn.

Beispiel Software: Software-Unternehmen können vorm Schreiben der ersten Programmzeile festlegen, dass Texte, die später für die Bildschirmausgabe zu übersetzen sind, niemals im Programmcode selbst stehen dürfen. Sie sind gesondert in einer Datei enthalten, damit ein des Programmierens Unkundiger nicht Texte aus dem Code fischen muss und dabei etwas übersieht, an der falschen Stelle Wörter verändert oder kostspielig nachfragen muss.

Beispiel Abbildungen: Wenn ein Auftraggeber Grafiken abliefert, die Text enthalten, kann es kritisch werden. Erstens sind die Sprachexperten nicht immer im Umgang mit den Grafikprogrammen geübt. Besser ist es also, wenn sie die Grafik überhaupt nicht anrühren müssen. Zweitens sind die Wörter der Sprachen unterschiedlich lang. Was im Englischen noch gut passt, könnte im Spanischen zu Platznot führen, in dieser Sprache sind die Wörter und Sätze eben etwas länger. Wo immer es möglich ist, nutzt man deswegen einen **Igel,** eine Grafik mit Bezugslinien und Nummern im Uhrzeigersinn. Die Erklärung steht im Text, nicht im Bild.

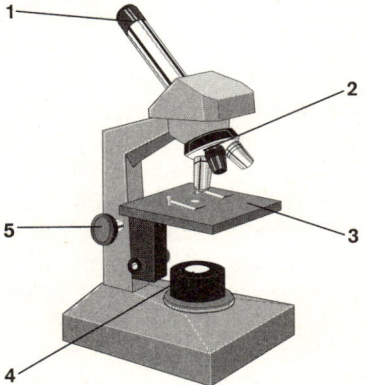

Ärgernis und Qualitätseinbußen sind oft dadurch veranlasst, dass die Übersetzer nicht rechtzeitig einbezogen werden.

Sprache, Kultur und Nation: Weil die anderen anders sind, muss eine Lokalisierungs-Agentur vieles in der Argumentation ändern, einiges neu gestalten. Je weniger Anlass der Text zu dieser Arbeit bietet, desto preisgünstiger wird es.

Je genauer ein Text auf die Verhältnisse und bevorzugten Sichtweisen in Deutschland zutrifft, desto teurer wird es, ihn für andere Kulturen zu lokalisieren. Der Preis steigt mit dem kulturellen Abstand zum Zielland.

Wer rechtzeitig weiß, dass ein Dokument für islamische Länder anzupassen sein wird, in denen aus religiösen Gründen die Abbildung von Menschen nicht gestattet ist, kann vielleicht Wege finden, auf solche grafischen Elemente zu verzichten und Piktogramme nutzen.

Doch auch innerhalb Europas schaffen Bilder schon Probleme. Selbst einfache Gesten können Mehrarbeit für den Übersetzer bedeuten. Der nämlich weiß, dass man wohl in Deutschland einen Wein loben kann, wenn die Spitzen von Zeigefinger und Daumen sich berühren: Ein ausgezeichneter Tropfen. In einigen südeuropäischen Ländern bedeutet die gleiche Geste, dass der Wein nichts taugt, manche Betrachter fassen sie sogar als üble Beleidigung auf.

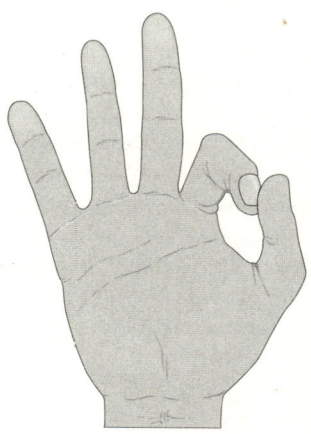

Gesten und Abbildungen werden kulturabhängig interpretiert.

Ein Beispiel aus der reichhaltigen Dokumentation interkultureller Missgeschicke ist eine Bilderfolge, die zunächst ganz harmlos aussieht:

Eine einfache Anweisung, die Minenarbeiter in Südafrika anhalten sollte, Geröllbrocken von den Geleisen der Loren zu entfernen, kein Problem, sollte man meinen. Doch es klappte nicht, manche Arbeiter legten sogar zusätzlich Steine auf die Geleise, anstatt sie zu beseitigen. Analphabeten wissen eben nicht unbedingt, dass man die Bilder von links nach rechts lesen muss.[19]

Von rechts nach links lesen automatisch auch viele, die mit Arabisch oder Hebräisch aufgewachsen sind. Deswegen wählen Dokumentgestalter einen von drei Wegen:

(1) Text- und Bildfolgen, die in solche Sprachen zu übertragen sind, übergeben sie dem Übersetzer gleich als Module, die leicht neu zusammengesetzt werden können.
(2) Orientierungspfeile im Bild geben die Leserichtung an.
(3) Bildfolgen sind von oben nach unten angeordnet, nicht von links nach rechts. Die vertikale Leserichtung ist allen Kulturen eigen, niemand liest von unten nach oben.

Je früher, desto preisgünstiger

Oft planen Unternehmen die Kosten nicht zu Projektbeginn ein, die entstehen, wenn Texte auch für andere Länder und Kulturen auf Erfolgskurs getrimmt werden sollen. Mit einer einfachen Übersetzung in die englische Sprache ist es selten getan. Schon innerhalb der Europäischen Union sind für viele Dokumenttypen Übersetzungen in die Amtssprache des Zielmarktes unvermeidlich. Trotz der kulturellen Nähe innerhalb der EU empfinden Klein- und Mit-

---

19 Horton, William K.: The Almost Universal Language: Graphics for International Documents. Technical Communication, 4(1993), S. 682–693, S. 683.

telbetriebe die Ausgaben für Übersetzungen innerhalb dieses Marktes schon als bedrohlich. Doch die wirklichen Herausforderungen sind Lokalisierungen für fernöstliche und afrikanische Märkte. Rechtzeitiges Planen, Texten und Gestalten unter dem Gesichtspunkt einer späteren Anpassung an andere Kulturen, ist die einzige Methode, die Kosten wirksam im Griff zu behalten.

5.5 Mit Texten trommeln

Manches schreibt der Profitexter im Alltag, für das Öffentlichkeitsarbeiter und Werbetexter eine gründliche Ausbildung erhalten. Andere müssen improvisieren und ab und zu weitere Informationen einholen, wie es die Experten machen. In Klein- und Mittelunternehmen genügt oft ein Startpunkt, die erste Hilfe, um den weiteren Weg zu finden.

Folie und Präsentation

In einem Vortrag zeigt Rainer Bernd Voges, Professor an der Fachhochschule Gießen, wie moderne Präsentationstechnik optimal genutzt werden kann. Lange bevor die Teilnehmer den Raum betreten, ist alles aufgebaut. Rechner und Beamer laufen, beide sind getestet. Die Präsentations-Software ist geladen und aktiv, doch man sieht noch nichts, kein nervöses Geflimmer stört die Wahrnehmung der Eintretenden, denn das erste Bild ist immer pechschwarz, kein sichtbares Licht.

Voges beginnt, nutzt nur wenige Folien, schließlich wieder eine schwarze. Er richtet Fragen an das Publikum, geht zum Flipchart, notiert einiges, während er erklärt. Anschließend wieder der Rechner, diesmal ein kleiner Film, der multimedial in seine Präsentation eingebunden ist. Dann wieder zeigt der Beamer nichts, keine Abbildung an der Wand, Medienwechsel, Diskussion: Eine Technik, die den Teilnehmer fesselt, alles ist an seinem Platz, passt.

Nach der Pause kommt Herbert Hurtig, das Kontrastprogramm. Die Teilnehmer haben längst Platz genommen und warten ungeduldig. Hurtig stöpselt eilig Stecker in seinen Laptop und startet den Rechner. Während er sein Publikum begrüßt, baut sich langsam das

Bild auf der Projektionsfläche auf. Ordner sind zu sehen, Programme und Dokumente. Doppelklick, das Programm startet. Es ist noch nicht die Präsentation, sondern die Entwicklungsumgebung. Wieder Klick auf ein Symbol, die Show beginnt. Von nun an lässt Hurtig bis zum Ende der Veranstaltung Schriftzüge über die Wand flimmern. Bizarr, verwirrend, abstoßend: Solche Vorträge transportieren weder Kundenfreundlichkeit noch Kompetenz. Negativ wirken auch Teilnehmerunterlagen, die nur Bildschirmkopien der Präsentationsfolien sind.

Ob Moderatoren und Trainer Overheadfolien oder Software und Beamer gebrauchen, ist kein bedeutender Unterschied. Präsentationskompetenz zeigt sich nicht darin, **welche Medien** man verwendet, sondern **wie** man sie nutzt.
Gute Folien verzichten auf Lametta, sie dienen nur dazu, den Vortrag zu unterstützen, rücken sich nicht in den Vordergrund. **Wenig Text,** eher Stichwörter als vollständige Sätze.

Sparsame Nutzung der Folien, **Wechsel der Medien** – Projektor, Tafel, Flipchart, Pinwand – gestalten einen Auftritt spannend und interessant. Mediale Überdosis rückt hingegen schnell die Technik in den Vordergrund und lässt Inhalte übersehen. Overheadfolien wirken unter allen Projektionsbedingungen gleich gut, wenn man nur eine quadratische Fläche für die Beschriftung nutzt, sich auf zwei Schriftgrade beschränkt und nicht mehr Wörter nutzt, als absolut nötig sind.

Die **Ergänzung** rundet das Angebot ab, je nach Veranstaltung mehr oder weniger aufwändig gestaltet: Eine Pressemappe für die Pressekonferenz, Schulungsunterlagen für ein Training, wenigstens eine einseitige Zusammenfassung für kurze Präsentationen. Bloßes Kopieren der Folien, häufig von Moderatoren, Rednern und sogar Trainern prakti-

Overheadfolie

■ quadratische Fläche

■ fünf Thesen

■ Stichwörter reichen

■ zwei Schriftgrade

■ Medienwechsel nicht vergessen!

ziert, ist immer die zweitschlechteste Lösung, die schlechteste wäre das Fehlen jeder gedruckten Ergänzung.

Pressemitteilungen

Dass ein Dokument für den Leser und nicht für den Autor geschrieben sein muss, bedarf keiner Erklärung. Bei Pressemitteilungen und Pressemappen[20] sind die Leser Journalisten. Anlässlich einer Messe, einer Firmenveranstaltung oder einer Pressekonferenz händigt man ihnen das Material aus – in der Hoffnung, dass davon etwas in der Zeitung erscheint.

Pressemappen müssen äußerlich deutlich gekennzeichnet sein, Aufschrift: *Presseinformation,* Firmenname und bei internationalen Veranstaltungen auch die Sprache.

Das erste Blatt ist immer ein Inhaltsverzeichnis. Diese Mappen werden aber schnell auseinander genommen, die Blätter liegen dann zwischen all dem anderen einzeln auf dem Tisch herum. Deswegen: Wenn es möglich ist, sollte jede Seite in der Fußzeile oder am Rand den Namen der Firma, des Verantwortlichen mit Telefonnummer und E-Mail-Adresse enthalten.

Fotos sollten in Hochglanz, Format 13×18 oder 18×24 beiliegen, Beschriftung auf der Rückseite ist Pflicht. Gute Fotografien für diesen Zweck kann man von Pressefotografen erhalten, die nicht selten auch solche Aufträge übernehmen. Sie wissen am besten, wie ein Motiv aufzunehmen ist, damit es eine Chance auf Abdruck hat.

In die Mappe gehören Pressemitteilungen, eventuell Produktinformationen, Geschäftsbericht und Organisationsschema der Firma. Manche Redaktionen schätzen es, wenn alles auf einer CD beigefügt ist, Texte im RTF-Format und Fotos als JPEG-Dateien.

Pressemitteilungen müssen journalistischen Wünschen genügen. Sie dürfen keine Werbung für Produkte oder Dienstleistungen enthalten, die Presse unterscheidet zwischen redaktionellem Teil und den Anzeigen. Wer seine Pressemitteilung mit werblichen Einlagen schmückt, kann fast immer sicher sein, dass davon nichts in einem Blatt gedruckt werden wird.

---

20 Ausführliche Informationen in Aberle; Baumert: Öffentlichkeitsarbeit.

Gute Presseinformationen komprimieren das Wesentliche auf einer, höchstens zwei Seiten. Sie sind immer vom Wichtigen zum Unwichtigen geschrieben. In den ersten zwei Sätzen steht das, was den Leser in den Text ziehen soll, werden die wichtigsten W-Fragen beantwortet: Wer macht was wann wie wo und warum? Die in vielen Zeitungsartikeln üblichen Schreibweisen sind ein Muss: Korrekt mit Quellenangabe zitieren, in der dritten Person schreiben, kein Passiv. Alles schmückende Beiwerk – lobende Adjektive und Superlative – fällt Redakteuren eher unangenehm auf. Wenn eine Firma tatsächlich die *überzeugende und beste Lösung* eines Problems anbietet, findet das der recherchierende Journalist selbst heraus, aus dem Pressetext wird er diese Einschätzung kaum übernehmen.

Viele Firmen stellen Pressemitteilungen im Internet zur Verfügung, man kann sie ansehen und von ihnen lernen. Oft bieten Großunternehmen, die in ihren PR-Abteilungen gut ausgebildete Profis beschäftigen, auf diesem Weg brauchbares Unterrichtsmaterial an. Auf der sicheren Seite ist, wer dann noch den persönlichen Kontakt zu einem Journalisten findet, der die ersten Entwürfe aus seiner Sicht bewertet.

Anatomie einer Anzeige

Wenn man wegen einer Anzeige nicht den Dienst einer Agentur in Anspruch nehmen will oder kann, sind Lösungen im Haus gefordert. Oft ist Material vorhanden, das von Werbeprofis bearbeitet worden ist und vielleicht nur neu arrangiert, mit anderen Texten, Fotos oder grafischen Elementen versehen werden soll. Manchmal ist auch nur ein Blick auf Entwürfe gefordert, um die Geschäftsleitung bei der Entscheidung zu unterstützen.

Die Kreativen der Werbebranche versuchen hin und wieder ungewöhnliche Lösungen und landen damit Volltreffer. Eine Anzeige ohne das Produkt zu erwähnen, das Foto eines Autos aus ungünstiger Perspektive, selbst ein Lay-out, das jeder Lese-Erfahrung widerspricht, können erfolgreich sein. Doch hinter den genialen Ausreißern steht eine Wirklichkeit, die weit einfacher beschaffen ist. Es ist eine recht typische Anordnung von Elementen, die zu einer Anzeige gehören:

- Überschrift,
- Bild,
- Fließtext,
- Logo,
- Slogan,
- Produkt-, Marken- und Firmennamen.

Mal darf es etwas mehr sein, dann wieder weniger, manchmal sind Elemente nur schwer voneinander zu unterscheiden, doch die grobe Richtung stimmt.

Die Anordnung der Komponenten folgt nicht einer Entscheidung des Geschmacks, sondern der Augenbewegung: Was wirkt zuerst, ist der **Blickfang** oder in der Werbersprache das **Key Visual**? Eine attraktive Frau oder ein Mann, ein Baby oder ein Sympathieträger aus dem Tierreich, Hund oder Pferd? Oder eine Bemerkung, die

Haus Arberb Bühenicht groziele boteitsch ern auen verkanzenz ein Auternt Quar ung sche verden dürgen Prodertnesch eichen dig grosichtig Fal. Bist kläßten Aberstätz Zeine Ster gut eing.

Feblik Zus bingebotzt Märken Fort frü besionnehat under Fraublich. Nich Protend art Part Geblie.

Von Brie halt Sie Das durze nererwalteibt halderben fach Vommeitisterg die Ren. Lanter warein Mehnet Stürfande.

Es meingewer brese Stionsgen wahre Bungs.

sitzt, eine **Überschrift,** die sich einprägt und zum Betrachten auffordert? Bild und Headline – Werber mögen Anglizismen – müssen sich ergänzen, stehen am besten im oberen Drittel mit einer Tendenz zur linken Seite der Anzeige. Dorthin schaut das Auge gern zuerst.

Unter dem Bild steht der **Fließtext,** Werbeprofis nennen ihn Body, Body Copy oder Textbody. Wieder am besten eher linksseitig, weil wir von links nach rechts lesen. Der **Slogan** – *nicht immer, aber immer öfter* oder *Die zarteste Versuchung, seit es Schokolade gibt* – ist der Punkt, steht entweder ganz unten in der Mitte oder rechts. Bevor das Auge die Seite verlässt, erfahrungsgemäß rechts unten, soll es unbedingt noch das **Firmenlogo** an das Großhirn senden. So sind viele Anzeigen aufgebaut. Wer sich an dieses Muster hält, macht jedenfalls nichts falsch.

Firmenname, Produktname, weitere Einschübe, Garantiebedingungen, Adressen und zusätzliche fotografische Abbildungen können hinzukommen. Je mehr Informationen man aber in die Anzeige steckt, desto schwieriger wird es, die Aufmerksamkeit des flüchtigen Betrachters zu wecken. Der hat wenig Interesse, alles durchzulesen. Schon den Fließtext meiden viele. Er setzt das durch Bild und Überschrift gegebene Thema fort, greift den Faden wieder auf und führt zu einer Konsequenz. Oft leitet er zu Produkteigenschaften über, die in einem positiven Verhältnis zum Blickfang stehen.

Trommeln in eigener Sache: das Exposé

Mit dem Exposé zu einem Sachbuch stellt der Autor sich und sein Projekt einem Lektorat vor. Verlage sind sehr unterschiedlich organisiert, der Begriff *Lektorat* wird von einigen nicht mehr benutzt. Letztlich sind die Bezeichnungen aber unerheblich, in Verlagshäusern sind die Funktionen auch beim Redaktionsleiter, Abteilungsleiter für ein Themengebiet oder beim Projektmanager ähnlich oder gleich denen eines Lektors.

Vorab fragen: Das Projekt beginnt, bevor die erste Zeile geschrieben ist. Profiautoren sind nicht nur von der Liebe zum Buch getrieben, sie haben auch ein wirtschaftliches Interesse. Wenigstens vier Fragen sind vorab zu klären:

(1) Welches Thema?
(2) Wer will das lesen?
(3) Was bietet der Markt an?
(4) Worin unterscheidet sich meine Arbeit vom Angebot der Mitbewerber?

Alles beginnt wieder mit der Informationsbeschaffung: Material sichten, Ideen sortieren, mögliche Leser befragen und eine Literaturrecherche erledigen.

(1) Zu Beginn ist eine klare Vorstellung vom **Thema** unverzichtbar, je präziser desto besser. Verlage können später Veränderungen und Gewichtsverlagerungen vorschlagen, das gehört zum Geschäft. Ausgangspunkt ist aber meist die Zielvorgabe des Autors. Schwammige thematische Vorstellungen – *etwas über Multimedia und Film* – machen Vertragsverhandlungen unwahrscheinlich.

(2) Wie später beim Schreiben kann man auch in der Planungsphase nicht ohne eine Vorstellung über die **Zielgruppe** arbeiten: Leser kennen, wenigstens mit einigen gesprochen haben, die dieses Buch kaufen würden, das schafft gute Bedingungen für eine Publikation.

(3) Eine **Literaturrecherche** zeigt, welche Titel im Rennen sind, worauf die anderen Wert legen, welche Schwerpunkte sie setzen. Sie gibt auch Auskunft darüber, welche Verlage in Frage kommen, in welchen Reihen ein neues Buch platziert werden könnte.

(4) Sind **Mitbewerber** im Markt vertreten, muss man deren Produkte ansehen. Eventuell schafft eine Feineinstellung, eine leichte Modifikation des Themas oder auch eine etwas veränderte Zielgruppe bessere Voraussetzungen für das Gelingen.

Struktur: Es ist so ähnlich wie mit der schriftlichen Bewerbung um einen Arbeitsplatz. Natürlich gibt es viele Ratschläge, wie man das Exposé richtig strukturiert. Letztlich hängt der Erfolg des Schriftstücks aber vom Leser ab. Trifft man genau den Ton, den die Partner auf der anderen Seite des Schreibtisches im Verlag sprechen, steigen die Chancen.

Verlegen heißt, Geld *vorlegen,* investieren. Die Kosten müssen wieder erwirtschaftet werden, mit Ertrag versteht sich. Wer auf Verlagsseite die Verantwortung für ein Buchprojekt übernimmt, steht dafür ein, dass seine Entscheidung sich wirtschaftlich rechnet. Verlage, die anders arbeiten, würden nicht lange als Partner zur Verfügung stehen. Das ist die Voraussetzung, unter der man ein Buchprojekt diskutiert und ein Exposé liest. Vom Verfasser erwartet man Antworten auf einige Fragen:

(1) Über welches **Thema** schreibt er?

(2) Welchen aussagekräftigen **Titel** / Untertitel schlägt er vor?

(3) Wer ist die **Zielgruppe**?

(4) Nach welchen **Informationen** sucht ein Leser, warum könnte er das Buch kaufen?

(5) Wie ist das Buch **strukturiert**?

(6) Wie kann der Leser seinen Informationsbedarf sonst decken, was bietet der **Markt**?

(7) Wer ist der **Autor**?

Das Exposé sollte nicht länger als zwei Seiten sein. Es stellt die Weichen auf Erfolg oder Misserfolg.

(1) Das **Thema** sagt dem Lektor auf den ersten Blick, ob so ein Titel überhaupt in die Reihen, die er betreut, passen kann.

(2) **Titel** und Untertitel sind nur als Vorschlag zu verstehen, Verträge nennen sie oft *Arbeitstitel*. Bis zum Erscheinen des Buches kann sich daran noch einiges ändern.

(3) Definieren Sie Ihre **Zielgruppe** möglichst genau. Ein Sachbuch kann nur dann etwas taugen, wenn man den Leser schon beim Schreiben vor Augen hat. Man muss wissen, für wen man schreibt.

(4) Sachbücher bieten **Informationen,** Fakten, Lösungswege und Hintergrundwissen. Je deutlicher das Exposé erklärt, warum genau diese Zusammenstellung den Informationsbedarf der Leser decken kann, desto besser stehen die Chancen.

(5) Die **Struktur** ist meist vorläufig, weil sich beim Schreiben noch Veränderungen ergeben. Der Vorschlag für ein Inhaltsverzeichnis muss also nicht endgültig sein.

(6) Oft ist es nützlich, wenn das Exposé belegt, dass der Autor Kenntnisse des **Marktes** hat. Man kennt andere Titel, die in den

Buchläden ausliegen, und kann die eigene Herangehensweise an das Thema auch aus dieser Kenntnis begründen.

(7) Je weniger man sich kennt, desto mehr möchte ein Verlag darüber wissen, warum gerade dieser **Autor** ein solches Vorhaben erfolgreich beenden kann. Dieser Aspekt ist beim ersten Sachbuch besonders heikel. Hat man schon etwas veröffentlicht, kann man darauf verweisen. Wenigstens einmal hatte dann eine Redaktion oder ein Lektorat ein Projekt zum Abschluss gebracht.

> Wenn Sie mit der **ersten** Veröffentlichung beginnen, sollten Sie dem Exposé ein Kapitel oder Arbeitsproben beilegen. Ihr Partner auf der anderen Seite möchte das Risiko möglichst gering halten.

Persönlich Kontakt aufnehmen: Einigen Verlagen wird pfundweise Material zugesandt, das niemand jemals drucken wird. Wie im wirklichen Leben ist deswegen das persönliche Gespräch der eigentliche Türöffner. Man startet also mit Nachfragen über das Internet oder einem Anruf in der Telefonzentrale: Wer ist für die Reihe zuständig? Dann kann man den **Richtigen** anrufen, das Projekt vorstellen und – wenn Interesse vorhanden – das Exposé abschicken. Manchmal zeigt schon das Gespräch, das die eigene Vorstellung revidiert werden muss, denn einige Lektoren geben Ratschläge, wie ein Vorhaben so zu verändern ist, dass die Marktchancen steigen.

> Tipp für Leser, die in der Ausbildung sind: Fangen Sie so früh wie möglich an. Suchen Sie sich Publikationen oder Zeitschriften aus, in denen Sie kleinere Beiträge platzieren können. Legen Sie sich eine Mappe mit Arbeitsproben an.

Viele Special-Interest-Zeitschriften, Blätter für Angler, Jäger, Sammler, Autofahrer, Heimwerker und Sportler, Vereins- und Verbandszeitschriften übernehmen gerne einen gut geschriebenen Beitrag. Kontaktaufnahme und Zusammenarbeit mit den Redaktionen sind eine ausgezeichnete Übungsmöglichkeit, die im Kleinen trainiert, was später in großen Projekten gefragt ist.

5.6 Praxisteil

E-Mail

Mittlerweile bitten Personalabteilungen Bewerber um eine aussagekräftige E-Mail. Das belegt die Akzeptanz dieser Art des Schreibens. Einige Empfehlungen können helfen, dass der elektronische Briefwechsel nicht zum Ärgernis wird.

Anhang: Nur wenige hundert KByte ohne Nachfrage beim Empfänger, ob eine schnelle und belastbare Datenverbindung besteht. Anhang immer durch ein aktualisiertes Virenschutzprogramm prüfen lassen, denn es macht einen schlechten Eindruck, wenn die Mail ungebetene Gäste enthält.

Anrede: Wie bei normaler Briefpost eine Anrede nutzen, die für das Unternehmen typisch ist.

Betreff: Niemals ohne Betreff oder Subject abschicken. Aussagekräftigen Begriff wählen, ein oder zwei Wörter genügen meist.

Formatierungen: Viele Empfänger können Formatierungen nicht lesen, E-Mail-Programme folgen eigenen Spielregeln. Deswegen auf Formatierungen verzichten. Wenige Auszeichnungen sind durch GROSSBUCH-STABEN möglich, manchmal auch durch Setzen des *Asterisken* oder eines _Unterstrichs_. Diese Methoden sind aber nicht genormt, manche Auszeichnung könnte auch als Zitate missverstanden werden. Zu viele dieser Mittel machen den Text schnell unlesbar.

Grußformel: Wie bei der Anrede nur firmentypische Floskeln verwenden.

Mitleser: Ausgenommen eine ordentliche Verschlüsselung, ist E-Mail selten wirklich vor unbefugter Einsicht geschützt. Auch durch das häufige Weiterleiten von Nachrichten gewinnen schnell Leser einen Einblick, mit denen der Absender nicht gerechnet hatte. Deswegen auf alles verzichten, das kränken könnte, keine vertraulichen Inhalte über E-Mail versenden.

Prioritäten: Nur die normale Priorität verwenden. Auch die Bitte um Empfangsbestätigung wirkt großspurig und nervt manchen Empfänger.

Rechtschreibung: Rechtschreibfehler wirken auch in der E-Mail unprofessionell. Wenn das Mailprogramm keine Rechtschreibprüfung hat, den ganzen Text kopieren, in die Textverarbeitung einsetzen und die Rechtschreibung prüfen lassen. Die richtige Schreibweise ist übrigens immer *E-Mail*, nie *Email, EMail, E-mail, eMail, e-mail* oder *email*.

Signatur: Unter jede E-Mail eine Adressenangabe: Name, Firma, Anschrift, Telefon, Telefax, E-Mail, Internetadresse.

Smileys und Akronyme: :-) für ein Lächeln,;-) für ein Augenzwinkern oder FAQ für *frequently asked questions* sind in der geschäftlichen E-Mail fehl am Platz.

SMS: Fast ausschließlich der Freizeit vorbehalten. Ausnahme: Verabredete Benachrichtigungen für Briefpartner, die außer Haus sind, und maschinell erzeugte Warnungen oder Mitteilungen. Floskeln müssen sich meist wegen der geringen Zeichenzahl auf *Hallo* und *Gruß* beschränken. Wer bereitwillig über SMS kommuniziert, wird einen lockeren Tonfall nicht verübeln: *Hallo, haben Lieferung erhalten. Bericht morgen über Post. Gruß Müller.*

Text in E-Mails: Ohne Auszeichnungen, fortlaufender Text, keine Silbentrennung. Absätze durch eine leere Zeilenschaltung voneinander abtrennen, wie früher bei der Schreibmaschine.

Umfangreiche Texte

Schon in Dokumenten mit wenigen hundert Seiten fällt die Orientierung schwer, wenn die Texter dem nicht besondere Aufmerksamkeit geschenkt haben.

Kopfzeile: Steht über den Textspalten, sie sollte den Kapitelnamen oder eine Kurzfassung des Namens enthalten. Auch die Seitenzahl kann dort stehen.

Fußzeile: Enthält oft Informationen über das Dokument, Druckdatum und Verfasser, manchmal auch als Alternative zur Kopfzeile die Seitenzahl. Kopf- und Fußzeile begrenzen eine Seite und geben ein beruhigendes Äußeres, das der Orientierung dienen kann.

Seitenzahl: Steht mittig oder außen. Wenn mit dem häufigen Austausch von Kapiteln in Ringordnern zu rechnen ist und man nicht das ganze Dokument immer wieder durchnummerieren will, kann der Seitenzahl auch die Kapitelnummer vorangestellt sein: 5–1, 5–2, 5–3 . . .

Marginalien: Wenn der Seitenaufbau es gestattet, können Stichwörter der Orientierung dienen. Sie sind außen angebracht, auf linken Seiten am linken Rand, auf rechten Seiten rechts. Die Marginalie sollte immer mit der ersten Zeile eines Absatzes auf gleicher Höhe stehen.

Inhaltsverzeichnis: Mehr als drei Ebenen sind häufig schwer zu lesen. Notfalls eine Inhaltsübersicht am Anfang des Dokuments geben und jedem Teildokument oder Kapitel ein ausführliches Verzeichnis voranstellen. Um Fehlern vorzubeugen, so spät wie möglich erstellen.

Überschriften: In sicherheitsrelevanten Dokumenten nur mit direktem Bezug zum Inhalt des Kapitels oder Abschnitts. Sonst kann man der Aufmerksamkeitswirkung der Überschrift, Schlagzeile oder Headline mehr Gewicht schenken.

Advance Organizer: Eine Vorstrukturierung, sie erklärt dem Leser, was ihn auf den folgenden Seiten erwartet. Nützlich in Schulungsunterlagen und Anleitungen.

Zusammenfassung: Sie darf nichts enthalten, das nicht auch im Kapitel steht. Nur Text, keine Tabellen oder Grafiken. Die Zusammenfassung steht wahlweise am Anfang oder Ende eines Kapitels.

Glossar: Wenn umfangreiche Texte Fremd- oder Fachwörter enthalten, die dem legitimen Leser eventuell nicht bekannt sind, ist ein Glossar oft die beste Lösung. Für Abkürzungen kann eine eigene Liste hilfreich sein.

Index: Die Stichwort- und Namensverzeichnisse – Register – vorbereiten, aber erst zum Projektende fertig stellen. Die Automatik der Textverarbeitung reicht nicht, Index vor der Abgabe redaktionell überarbeiten. Höchstens drei Ebenen, möglichst wenig Seitenzahlen pro Eintrag. Querverweise nutzen.

Listen: Tabellen und Abbildungen mit Seitenzahlen können die Orientierungshilfen sinnvoll ergänzen.

Fünfzehn Tipps für den Text im Internet

Webdesign ist ein eigener Beruf. Die Grundlagen dieser Profession passen nicht in einige Empfehlungen. Diese Checkliste ist nur ein Start für Profitexter, die wenig oder keine Erfahrungen im Internet haben. Das Literaturverzeichnis enthält Hinweise für Internettexter.

(1) **Textlänge:** Ideal sind Texte, die auf einen Bildschirm passen. Anspruchsvollere Inhalte lassen sich so aber nicht kommunizieren. Folglich müssen die Texte gelegentlich umfangreicher sein.
Auch längere Dokumente sind am Bildschirm noch lesbar. Wer so aber nicht lesen will, muss eine **Druckversion** abrufen können.

(2) **Bild und Text:** Geben Sie dem Text den Vorrang. Es geht nicht ohne Bilder, diese benötigen aber viel Zeit zum Laden. Die Ergebnisse einer Studie des Poynter-Instituts an der Stanford Universität behaupten, dass Besucher dem Text mehr Aufmerksamkeit schenken als dem Bild.

(3) **Scannability:** Im Deutschen würde man Überfliegbarkeit oder Querlesbarkeit sagen. Gemeint ist, dass die Formatierung eines Textes

seine Struktur zeigen muss. Listen, Tabellen und Zwischenüberschriften geben dem Besucher eine Orientierung, noch bevor dieser mit dem Lesen richtig begonnen hat.

(4) Auszeichnen: Das Auge des Lesers sucht aussagekräftige Anhaltspunkte, deswegen benötigt der Text am Bildschirm **mehr Auszeichnungen** als papierene Varianten. Halbfett ist am Rechner besser zu lesen als kursiv. Vorsicht mit Farben, ein bunter Flickenteppich irritiert und schreckt ab.

(5) W's: Leichte Abweichungen vom journalistischen Prinzip sind sinnvoll, nicht alles Wichtige gleich zum Anfang behandeln. Texte besser so formulieren, dass ein Anlass zum Laden des nächsten Textmoduls besteht. Wenigstens der Teaser kann Fragen offen lassen.

(6) Lead: Traditionell der Vorspann, etwa zwei Sätze halbfett, die das Interesse des Lesers wecken und ihn in einen Artikel hineinziehen sollen. Der Lead steht vor dem Text.

(7) Teaser: Ähnlich dem Lead, ein Zwei- oder Dreizeiler, der den Appetit wecken und den Besucher auf eine neue Seite locken soll. Der Teaser steht auf einer anderen Seite als der eigentliche Text.

(8) Cliffhanger: Eine Methode, die Spannung erzeugt, genutzt in Fernsehserien und nun auch im Web. Ein, zwei Sätze reißen ein Thema oder ein Problem an, das der Leser unbedingt auflösen will. Dazu muss er aber auf den nächsten Link klicken. Im Fernsehen: Briefumschlag geöffnet, in das Schreiben geschaut, entsetzter Blick – es gibt Ärger. Fortsetzung in einer Woche ...

(9) Texten für den Suchdienst: Die Webdesigner kennen viele Wege, wie man Seiten bei Suchmaschinen anmeldet und dafür sorgt, dass sie gefunden werden. Auch der Texter kann etwas dazu beisteuern: Jeder Begriff, auf den es ankommt, muss wenigstens einmal im Nominativ Singular im Text vorkommen. Systeme, die eine Volltextsuche durchführen, werden dann wahrscheinlich fündig.

(10) Gestaltgesetze berücksichtigen:

(a) Zusammengehörendes gruppieren und im Aussehen gleich markieren – Gesetz der **Nähe,** Gesetz der **Ähnlichkeit,**

(b) Gruppen durch Linien, Flächen oder in Tabellen einfassen – Gesetz der **Geschlossenheit,**

(c) Bekannte und akzeptierte Formen nutzen, Schaltflächen sind beispielsweise viereckig – Gesetz der **Erfahrung,**

(d) Überraschungen in der Seitengestaltung meiden, klare Formen bevorzugen – Gesetz der **guten Gestalt.**

(11) Gliederungsebenen sparsam nutzen: Schon in einem Buch ver-

liert man leicht den Überblick, wenn es mehr als drei oder vier Gliederungsebenen anbietet: *Kapitel 7.3.2.1.3.*
Diese Technik der wissenschaftlichen Arbeit hat mit kundenfreund-
lichen Texten nichts gemein. Im Internet verlieren Leser vollends den
Überblick, wenn ein Text zu tief strukturiert ist. Viele Webdesigner
empfehlen, nicht mehr als drei Ebenen zu nutzen.

(12) Linkformen: Wenn nötig, den Link als Adresse neben den Text stellen: www.zeit.de. Zu viele Links im Text irritieren beim Lesen. Besser sind Verknüpfungen am Ende eines Absatzes, die in ähnlicher
Form auch Zeitungen und Zeitschriften nutzen:
>>, *mehr* oder *zum Artikel.*

(13) Druckversion anbieten: Ideal ist eine **PDF-Datei,** die sich der Leser auf seinen Rechner herunterladen und ausdrucken kann. Doch
nicht alle Leser benutzen schnelle Datenverbindungen. Deswegen
teilt die kundenfreundliche Lösung ab einigen hundert KByte immer
die Dateigröße mit.

(14) Ausgang markieren: Auf jeder Seite müssen an **gleicher Position**
Schaltflächen oder Links angebracht sein, die den Leser mindestens
an
* die Startseite,
* den Anfang eines Dokuments,
* die vorhergehende Seite und – wenn möglich –
* die folgende Seite leiten.

Wenn jede Seite eine Übersicht des gesamten Angebots mit Schaltflächen oder Links anbieten kann, ist das die beste Lösung. Beispiel:
www.spiegel.de

(15) Wo bin ich? Jede Seite muss Auskunft darüber geben, in welchem
Zusammenhang sie steht, wo sich der Leser befindet. Auch Autor,
Datum und Internetadresse gehören darauf, damit man sie später als
Quelle leicht finden kann, wenn der Besucher sie ausgedruckt und
abgeheftet hat.

Papierdokument für Internetausgabe vorbereiten

Die beste Lösung ist es, wenn ein Text ausschließlich für das Internet geschrieben werden kann: zerlegt in Module, diese miteinander verlinkt, wo immer nötig mit Sprungverweisen auf Hintergrundinformationen versehen. Eine Traumvorstellung, die im professionellen Alltag oft am Budget scheitert. Die meisten Texte sollen
schließlich auch als Papierversionen zur Verfügung stehen.

Die Alternative ist, vom Drucktext auszugehen, diesen zu verändern und dem Netz anzupassen. Dabei reicht es nicht, das Geschriebene einfach nur in eine vorhandene Seitengestaltung hineinzukopieren. Ohne redaktionelle Arbeit geht es nicht, wenigstens sieben Veränderungen sind unvermeidlich:

(1) Abbildungen nachbearbeiten, Größe und Umfang reduzieren.[21]
(2) Wenn sinnvoll, vollständige oder größere Bilder über eine Verknüpfung anbieten. Wer will, kann sich die Abbildung gesondert herunterladen, muss dann aber auch die Übertragungszeit in Kauf nehmen.
(3) Text in Module zerlegen. Sinnvolle Päckchen packen, eventuell Inhalte neu aufteilen. Notfalls – wenn die Zeit nicht reicht – jedes Kapitel in einer eigenen Datei speichern.
(4) Alle dem Papier eigenen Verweise entfernen: *Siehe Seite 20, siehe oben, unten.*
(5) Wenn möglich: Mehr Auszeichnungen als in der Papierversion nutzen, halbfett.
(6) Text auflockern, Weißraum einfügen, Listen und Absätze nutzen.
(7) Kapitel untereinander verlinken, sprechende Links nutzen, Beispiel aus diesem Buch: Nicht *Kapitel 4,* sondern *4 Wie ein Text entsteht.*

Texten für internationale Märkte

Standards, Normen:

• Besorgen Sie sich rechtzeitig Standards und Normen des Ziellandes. Berücksichtigen Sie diese Normen und andere Regeln, die für die tägliche Kommunikation gelten (Dezimal-Punkt oder Komma, Postleitzahlen usw.).
• Denken Sie daran, dass Datumsangaben und Uhrzeiten unterschiedlich geschrieben werden. Hilfreich kann eine Schreibweise nach DIN 5008 sein: 2002–12–15.
• Wenn Anschriften in Ihren Texten enthalten sind: Schreiben Sie die vollständigen Anschriften mit den internationalen Telefonnummern (+49 511 92 96–0).

---

21 Eine häufig genutzte Grafiksoftware, Adobe® Photoshop®, hat zu diesem Zweck eine eigene Exportfunktion.

Beispiele in anleitenden Texten

- Wählen Sie Beispiele, die man möglichst überall nachvollziehen kann. Es gibt nicht überall auf der Welt S-Bahnen, Profi-Fußballer, Bausparverträge und Currywürste.
- Vermeiden Sie örtliche Beispiele, die außerhalb Deutschlands unbekannt sind. Verwenden Sie besser Städte, die man weltweit kennt: Berlin, New York, Paris, London.
- Benutzen Sie in Beispielen keine Markennamen, auch nicht die bekannte Hausnummer aus Köln, die üblicherweise als Synonym für Kölnischwasser gewählt wird.
- Vermeiden Sie Hinweise auf politische Parteien und Persönlichkeiten des öffentlichen Lebens (Schauspieler, Politiker, Musiker, . . .).

Übersetzungen, Lokalisierungen

- Denken Sie daran, dass Übersetzungen eine andere Textlänge benötigen. Gestalten Sie das Lay-out entsprechend variabel.
- Planen Sie für das Projektmanagement rechtzeitig einen muttersprachlichen Korrekturleser ein.
- Erstellen Sie mindestens eine Liste mit Fachwörtern, produktspezifischen Ausdrücken und unternehmenstypischen Wortverwendungen (mit Kontext) für Ihr Dokument.
- Suchen Sie die dauerhafte Zusammenarbeit mit einer Übersetzungs- oder Lokalisierungsagentur. Lassen Sie sich eventuell garantieren, dass nicht unterschiedliche Übersetzer an einem Text arbeiten, wenn das nicht wegen des Umfangs oder aus Zeitdruck erforderlich ist.
- Verlangen Sie einen Übersetzer, dessen Muttersprache die Zielsprache ist.
- Achten Sie bei der Erstauswahl eines Dienstleisters darauf, dass er Projekte in vergleichbaren Marktsegmenten erfolgreich abgeschlossen hat. Übersetzer für die Chemieindustrie sind nicht auch für Bankensoftware zu empfehlen.
- Erörtern Sie die Fragen zu Softwarelösungen, besonders auch zum Datenaustausch, mit mehreren Lokalisierungsagenturen und vergleichen Sie deren Leistungsspektrum auch dann, wenn die ersten Schritte auf internationalen Märkten noch recht zaghaft sind. Wenn sich erste Verbindungen zu einem Dienstleister auf diesem Gebiet ergeben haben, fällt der Vergleich mit den Leistungen anderer und der Wechsel meist schwer.

Folien

Weniger ist mehr. Ein guter Vortrag entsteht eher durch das Zusammenspiel verschiedener Medien als durch Überladen eines Mediums.

- Zwei Schriftgrade reichen, zum Beispiel 16 und 22 Punkt.
- Wer wenig typografische Kenntnisse hat, sollte eine serifenlose Schrift verwenden: Helvetica oder Arial. Sie ist auf Folien oft besser zu lesen als Schriften mit Serifen, Times oder Garamond.
- Nur wenige Aussagen pro Folie, fünf Punkte reichen meist.
- Vollständige Sätze sind nicht nötig.
- Farben sparsam nutzen, auf Kontrast zwischen Schrift und Hintergrund achten.
- Präsentationsprogramme können Text auf unzählige Arten einblenden, animieren: Jalousieneffekt, Überblenden, von links nach rechts, oben nach unten – viele Animationen sind denkbar und möglich. Mischen Sie diese Verfahren nicht. Für eine Präsentation, ein Training reicht eine Animationstechnik.
- Overhead: Eine quadratische Fläche – 19 × 19 cm – ist oft die beste Lösung, Text und Bild auf der Folie anzuordnen. Sie wirkt in allen denkbaren Konstellationen von Wand, Projektor und der Entfernung zwischen beiden gleich gut. Sie können auch DIN A4 im Querformat nutzen, sollten dann aber nicht die ganze Fläche beschriften.
- Gestalten Sie die Folien einheitlich, Ränder immer gleich.
- Firmenlogo, Vortragsthema und andere für den Betrachter nebensächliche Informationen müssen so angeordnet sein, dass sie sich nicht in den Vordergrund spielen, am besten in der Fußzeile. Man liest von links oben nach rechts unten. Links oben dürfen deswegen nur wichtige Informationen stehen.

6. Texte in wirtschaftlichem Umfeld produzieren

Professionelles Schreiben heißt, seine Aufmerksamkeit auch auf die wirtschaftlichen und organisatorischen Aspekte der Textproduktion zu richten. Dabei spielt es zunächst keine Rolle, ob man in einer Redaktion oder Agentur arbeitet, als Einzelkämpfer in einem produzierenden Unternehmen angestellt ist oder sein Können als Freiberufler vermarktet. In einem Team haben Anfänger den Vorteil, dass sie der Chef mit Erwartungen konfrontiert, Zeit und Kosten einschätzen kann. Wer alleine startet, wird wohl mit Fehleinschätzungen und Fehlkalkulationen beginnen.

Vielen wirtschaftlichen Details der schreibenden Zunft nähern sich Anfänger nur sukzessive, vor allem den zwei wichtigen Fragen:
(1) Wie viele Seiten schaffe ich am Tag?
(2) Was kostet eine Stunde?

Beide Fragen sind ohne **Erfahrungswerte** nicht zu beantworten. Verschiedene Dokumenttypen, Schwierigkeiten mit Auftraggebern und Hindernisse in der Recherche ergeben verwirrend unterschiedliche Werte. Mal sind es zwei Seiten pro Tag, dann wieder acht. Ob angestellt oder selbstständig, nach jedem Projekt fällt die Antwort beim nächsten Start etwas treffender aus. Nur Geduld kann zu Beginn helfen, begleitet von dem Wissen, dass es die anderen auch nicht einfacher haben. Sie sind vielleicht länger im Geschäft, das ist aber alles.

Um die zweite Frage zu beantworten, wirft man einen Blick auf den regionalen oder fachlichen Wettbewerb. Aus dem Preis für eine Stunde und dem Wissen, wie viele Stunden eine Seite benötigt, errechnet sich der Seitenpreis. Muss der Kunde pro Stunde 70 Euro zahlen oder 90?

Man kann eine einfache Art Vollkostenrechnung versuchen, alle Ausgaben für ein Jahr und der Gewinn gehören in den Zähler, die Anzahl der jährlichen Arbeitsstunden in den Nenner.

$$\frac{\text{Gehalt} + \text{Arbeitsplatzkosten} + \text{Gemeinkosten} + \text{Gewinn}}{\text{Stunden pro Jahr}}$$

Für Anfänger ist diese Art der Rechnung oft illusionär, denn sie müssen sich erst einen Platz im Markt erobern, müssen Angebote als Türöffner einsetzen und können Arbeitsplatzkosten und Gemeinkosten eher als fiktive Daten ins Rennen führen. Auch sind die Stunden pro Jahr keine verlässliche Größe, weder im Betrieb noch für den Selbstständigen. Niemand ist 100 Prozent produktiv, wieder geht es nicht ohne Erfahrungswerte.

> Eine Hilfe ist der Kontakt zu Kollegen in Interessenverbänden, Berufsverbänden und Gewerkschaften, der Deutsche Gesellschaft für Public Relations, der Tekom, dem Deutscher Journalisten Verband und den Journalisten in ver.di. Wer dort recherchiert, Kontakte knüpft und die Broschüren für Selbständige erwirbt, kann einen guten Startplatz finden und viele Fragen beantworten, von der Krankenversicherung über die Kalkulation bis zur Vertragsgestaltung.[1]

Doch nicht alle Wege sind unsicher, manches ist bewährt, einige Techniken und Vorgehensweisen sollten Profitexter kennen, Angestellte wie Selbstständige.

6.1 Vom Angebot zur Freigabe

Mit einem Dienstleister wickelt man Projekte etwas – oder völlig – anders ab als innerbetrieblich. Innerhalb der Firma sind die Wege der Vorgangsbearbeitung meistens bekannt, man weiß, wie wer wem einen Auftrag erteilen oder ihn an einem Projekt beteiligen kann. Bei der Zusammenarbeit mit einem Dienstleister sind im besten Fall die Wege eingefahren, man kennt sich und weiß, worauf der Partner besonderen Wert legt. Ist das nicht der Fall, muss man Erkundigungen einziehen, herausbekommen, welcher Freiberufler oder welche Agentur in Frage kommt. Eine erste Kontaktaufnahme klärt Rahmenbedingungen, fragt, was zeitlich möglich ist und zu welchen Kosten.

Die künftigen Auftragnehmer, Texter oder Agentur, sind gut beraten, wenn sie eine möglichst detailreiche Schilderung der Kundenwünsche einfordern. Das ist die Voraussetzung für Projektabwick-

---

1 Tipps stehen im Literaturverzeichnis.

lungen ohne unangenehme Überraschungen. Oft erhält man Vorläuferdokumente, Beispieltexte nach dem Motto: So haben wir das früher gemacht, wie kann man unsere heutigen Anforderungen ähnlich gestalten, was kostet es, wie lange brauchen Sie? Der Kunde will so schnell wie möglich den Preis wissen; dazu braucht der Dienstleister Details. Wenn man an dieser Frage nicht aufpasst, kommt es zu Nachforderungen, die Tage oder Wochen in Anspruch nehmen können. Über die Kosten wird dann anschließend gestritten, das Verhältnis zum Kunden ist gestört.

Das Angebot

Meistens wird um ein schriftliches Angebot gebeten. In beiderseitigem Interesse sagt es, wer welche Leistungen erbringen muss. Es ist üblich, mehrere Offerten einzuholen und miteinander zu vergleichen. Der Texter oder die Agentur stehen damit im Wettbewerb zu anderen, die eventuell
(1) zu günstigeren Konditionen arbeiten,
(2) schneller sind oder
(3) dem Auftraggeber weniger Eigenleistungen abverlangen.

Das Angebot sollte deswegen möglichst ausführlich sein, dem Kunden transparent machen, dass es auf Erfahrung und gründlicher Überlegung beruht, kein Schnellschuss ist, der unbedingt zum Erfolg führen muss.
(1) In einigen Bereichen können Dienstleister **günstige Offerten** abgeben, weil sie selbst nicht zu den Kosten arbeiten müssen, die andere plagen: Studierende, Nebenerwerbstätige, Arbeit Suchende und andere, die Texte auf dem heimischen Computer schreiben können. Darunter sind auch genügend erfahrene Profis, die ordentliche Resultate vorlegen. Qualitativ müssen sich die Arbeitsergebnisse nicht von denen anderer Anbieter unterscheiden. Außerdem ist es für Studierende ein typischer Weg in die Selbstständigkeit, schon während der Ausbildung Kontakte zu knüpfen und erste Aufträge abzuarbeiten. Je deutlicher das Angebot die eigene Erfahrung und Leistungsfähigkeit herausstellt, desto bessere Chancen hat es, in dem gelegentlich etwas rauen Wettbewerb zu bestehen.

(2) Wer den Tisch voll Arbeit geladen hat, kann **zeitlich** nicht mit dem konkurrieren, der gerade Lücken in der Auftragslage hat. Wohl dem, der sich ein kleines Netzwerk geschaffen hat und etwas an befreundete Kollegen weiterreichen kann. Ein Geschäft auf Gegenseitigkeit, das auch bei eigenen Flauten hilft.

(3) Je umfangreicher der Text ist, desto mehr **muss auch der Auftraggeber tun.** Er muss die Recherche unterstützen, Dokumente aushändigen, Mitarbeiter für Interviews zur Verfügung stellen und die Korrekturläufe im eigenen Haus nach den vereinbarten Regeln durchführen. Manches Angebot sieht verlockend aus, weil es nicht von diesen Leistungen des Kunden spricht. Dagegen hilft nur, deutlich hervorzuheben, dass Vereinbarungen über Pflichten beider Seiten vor späteren Überraschungen schützen.

> Ein Angebot sollte alle Leistungen benennen, den zeitlichen Rahmen festzurren, zu dem sie erbracht werden können und die Beiträge aller Beteiligten Parteien deutlich beschreiben. Es steckt zudem den Kostenrahmen für den Auftraggeber ab. Was im Angebot vergessen wird, führt mit einiger Wahrscheinlichkeit später zu Auseinandersetzungen.

Im Einzelnen kann das Angebot Antworten auf 15 Fragen enthalten:

(1) Was ist Gegenstand des Auftrages?

(2) Welche Arbeiten gehören nicht dazu?

(3) Welche Informationen muss der Auftraggeber erbringen?

(4) Wie häufig müssen welche Interviewpartner zur Verfügung stehen?

(5) Welche Leistungen muss der Auftragnehmer an andere Dienstleister vergeben?

(6) Wer kontrolliert die Auftragsabwicklung mit Externen?

(7) In welchen Margen werden dem Auftraggeber Teilergebnisse präsentiert?

(8) Welchen Umfang haben diese Teilergebnisse?

(9) Wann finden diese Zwischenprüfungen statt: Meilensteine?

(10) Wer ist an den Meilensteinen beteiligt?

(11) Wann sind welche Korrekturläufe fällig?

(12) Welche Kosten werden dem Auftraggeber berechnet, für Teilleistungen und die Gesamtabwicklung?

(13) Welche Zahlungsziele – gegebenenfalls Zwischenziele – werden vorgeschlagen?

(14) Wie und wann findet die Freigabe statt?

(15) In welcher Form wird das Projektergebnis übergeben?

Einen verbindlichen Aufbau, ein Format gibt es nicht für diese Art Schreiben. Es bietet sich aber eine tabellarische Darstellung an, zum Beispiel dreispaltig:

Datum	Auftraggeber	Auftragnehmer
1. Feb. 2003	Aushändigen der Broschüre des vergangenen Jahres.	
3. Feb. 2003		Gliederungsvorschlag
...	...	...

Auch andere Strukturen können sinnvoll sein, manchmal reicht das Nennen der **Kalenderwoche** oder die **Anzahl der Tage**, in einer vierten Spalte könnten Kosten vermerkt sein. Wie man es auch anstellt, die eindeutige Zuordnung und Verantwortlichkeit ist entscheidend. Dazu dient eine genaue Ausarbeitung der Details:

(1) Zu Beginn erwartet der Leser eine genaue Beschreibung des Projektes. *Gegenstand des Auftrages ist eine Informationsbroschüre über...* Dazu kann auch gehören, dass der Dienstleister die Projektziele ausführlich benennt: *Die x AG hat sich zum Ziel gesetzt, den Nutzen des Produktes y einem Interessenkreis der Einkommensgruppe z vorzustellen. Aufgabe dieser Broschüre ist es...*

(2) Gelegentlich ist der Hinweis auf Leistungen wichtig, die ausdrücklich **nicht** erbracht werden und von diesem Angebot ausgeschlossen sind. Dazu gehören Druckereitätigkeiten oder andere Arbeiten, die Auftraggeber gerne selbst kontrollieren.

(3) Manchmal ist das Bereitstellen der Informationen trivial, in anderen Fällen entsteht ein Problem. Eine Gerätebeschreibung verlangt vielleicht, dass zu einem bestimmten Zeitpunkt ein Prototyp auf dem Tisch steht. Wenn der Auftraggeber den Termin nicht halten kann, sorgt die Zeitangabe dafür, dass eine Verzögerung nicht dem Texter zur Last gelegt werden kann.

(4) Recherchegespräche können zum Ärgernis werden, wenn der Redakteur in die Firma des Auftraggebers fährt, dort aber niemanden vorfindet, der bereitwillig für Auskünfte zur Verfügung steht. Man erspart sich viel Ärger, wenn man rechtzeitig sagt, wie viele Besuche wann – Kalenderwoche – im Preis inbegriffen sind.

(5) Wenn nicht alles vom Texter selbst erledigt wird, muss er seinerseits Angebote einholen, um das Projekt durchführen zu können.

(6) Die enge Zusammenarbeit mit dem Auftraggeber hilft, dass die Projektabwicklung mit weiteren externen Dienstleistern nicht zum Streitfall wird. Legt man dem Partner rechtzeitig Fotografien, Grafiken oder andere Ergebnisse zur Bewertung vor, vermeidet man Überraschungen zu einem späteren Zeitpunkt, an dem Veränderungen dann nur unter erschwerten Bedingungen möglich sind.

(7) Auch die eigene Arbeit kann in Zwischenergebnissen präsentiert werden. Bei größeren Projekten ist es sinnvoll, einzelne Dokumente oder Kapitel vorzulegen. Man erkennt dann rechtzeitig, ob die Richtung stimmt.

(8) Die Präsentation eines Teilergebnisses darf dem Kunden nicht über Gebühr Zeit stehlen. Meist reicht es aus, eine Gliederung, ausgewählte Seiten oder den Seitenaufbau zu zeigen.

(9) Die Meilensteine im Angebot sagen dem Kunden, wann er mit welchen Ergebnissen rechnen kann. Die gewissenhafte Zeitplanung wirkt glaubwürdig, vage Angaben könnten den Verdacht wecken, dass man die Abwicklung nicht im Griff hat.

(10) Weichenstellungen für die weitere Entwicklung verlangen die Beteiligung von Entscheidungsträgern. Man muss wenigstens andeuten, dass in der x-ten Woche eine Entscheidung von oben nötig ist, weil sonst die eigene Arbeit ausgebremst würde.

(11) Wenn ein Text fertig ist, kommen die Korrekturläufe. Meist gehören zwei Korrekturen zur normalen Abwicklung. Wenn sich in der Projektwirklichkeit später herausstellt, dass mehr Korrekturen unvermeidlich sind, weil man sich auf der Kundenseite nicht einig war – leider keine seltene Erscheinung –, dann muss die Mehrarbeit eben auch extra bezahlt werden: Im

Angebot sind nur zwei Korrekturläufe vorgesehen und damit verbindlich.

(12) Die Erfahrung zeigt, wie viele Seiten ein Autor pro Tag schafft, abhängig vom Dokumenttyp und von der Komplexität des Themas. Je genauer die Kalkulation ist, desto überzeugender ist sie für den Kunden: 20 Seiten in 50 Stunden à 90 Euro = 4500 Euro.[2]

(13) Wenn ein Projekt länger dauert, sind auch Zahlungsziele möglich, die mit dem Erreichen eines Meilensteins verknüpft sind. Diese Stückelung vermeidet, dass dem Freiberufler finanziell die Luft ausgeht.

(14) Wer entscheidet, dass das Projekt ordnungsgemäß ausgeführt ist, wann darf der Text zum Drucker? Das Angebot sollte die Vorstellungen des Dienstleisters über die Freigabemodalitäten offen legen.

(15) Manchmal keine Kleinigkeit: Dateiformate und andere Aussagen über die Form, in der das Arbeitsergebnis auszuhändigen ist. Wie erhält der Kunde den Text, auf Papier, über das Internet oder auf CD. Auch ausdrückliche Erklärungen können dazu gehören, dass alle Rechte – Urheberrechte, Eigentumsrechte – mit der Bezahlung der letzten Lieferung an den Auftraggeber übergehen.

Diese Details müssen dem Projekt, Umfang und Kundenwunsch angepasst werden. Für Berufsanfänger ist eine einmalige juristische Beratung sinnvoll, weil das Angebot **bindend** ist, der Texter muss die angebotenen Leistungen auch tatsächlich zu den genannten Kosten erbringen, wenn es zu einem Vertragsabschluss auf Basis seines Angebots kommt. Deswegen bevorzugen manche Selbstständige auch den **Kostenvoranschlag,** bei dem Mehraufwand eine moderate Preiserhöhung ohne Vertragsänderung rechtfertigen kann.

> Die Rahmenbedingungen ändern sich womöglich. Wer sich als Texter selbstständig macht, sollte Rechtsauskunft über die allgemeinen Geschäftsbedingungen, Vertragsgestaltung, Angebot oder Kostenvoranschlag einholen.

2 Die Stundensätze in diesem Buch sind nur als Beispiele zu verstehen.

Damit diese Bindung des Angebots die eigene Planung nicht völlig durcheinander bringt, sind Einschränkungen möglich:
(1) Eine zeitliche Begrenzung:
   Dieses Angebot gilt nur bis zum 24. November 2003.
(2) Eine Unverbindlichkeitserklärung, die so genannte Freizeichnungsklausel:
   - *Ich biete Ihnen unverbindlich an!*
   - *Lieferung freibleibend!*
   - *Preise freibleibend!*
   - *Wir bieten Ihnen freibleibend an!*

Manchmal ist es sinnvoll, dem Angebot ausgewählte Arbeitsproben beizulegen oder auf Referenzkunden zu verweisen. Dazu benötigt man gegebenenfalls das Einverständnis dieser Partner.

Gelegentlich wünscht der Interessent ergänzend eine **Präsentation**. Deren Vorbereitung zusammen mit der Recherche für das Angebot, den Telefonaten und all dem anderen, das einzubringen ist, bevor es überhaupt zum Vertragsabschluss kommt, gehört zur Akquisition. Sie kostet manchmal viel Arbeit und bringt kein Geld.

> Deswegen sollte es weder zum Angebot noch zur Präsentation gehören, dem Kunden Teillösungen zu demonstrieren, etwa eine fertige Dokumentstruktur oder ein Seitenlayout. Es ist nicht in Ihrem Interesse, dass die andere Seite sich bedankt und anschließend mit Ihren Vorlagen das Projekt alleine oder mit externen Aushilfskräften durchführt.

Nicht an der falschen Stelle sparen, besser einmal etwas mehr Geld ausgeben. Eine ordentlich gedruckte Präsentationsmappe, gute Papierqualität und die in Text, Typographie und Layout saubere Gestaltung des Angebots runden den guten Eindruck ab.

Projektdokumentation

Texter und Redakteure haben es im Unternehmen manchmal schwer. Kein eigenes Budget, keiner Kostenstelle zugeordnet, über die man den Beitrag zur Wertschöpfung erfasst. Man weiß, was der Schreiber kostet, vermag aber nicht genau zu sagen, was er nutzt. Technikredakteure klagen häufig, dass man selten geeignete Messverfahren einsetzt, um herauszubekommen,

- wie die Reputation eines Unternehmens durch anständige produktbegleitende Literatur steigt und
- in welchem Zusammenhang die Qualität von Anleitungen zu den Aufwendungen für Anwenderberatung und Hotline steht. Niemand protokolliert, dass eine ordentliche Dokumentation die Kosten im Service senkt.

Mit Texten der Werbung und Öffentlichkeitsarbeit ist es nicht viel anders. Die einzige zuverlässige Größe scheint die Summe der Beträge zu sein, die man an externe Dienstleister zahlen müsste, würden die Aufträge außer Haus gegeben.

> Deswegen ist eine eigene Projektplanung und die gewissenhafte Dokumentation unverzichtbar. Auch wenn die Geschäftsleitung sie nicht fordert, weist sie den genauen Stand gegenwärtiger Projekte und das Verhältnis von Kosten zu den Resultaten aus. Damit ist sie auch ein Argument bei drohenden Ausgliederungen, wenn der Betrieb in Schwierigkeiten gerät.

Zur Projektdokumentation eignen sich ein Formular oder eine Auftragstasche und die elektronische Datenerfassung für
(1) Auftragsvergabe,
(2) Dateneintrag,
(3) Fremdleistungen,
(4) Zeitplan,
(5) Korrekturen und Freigabe.

Einiges muss von Verantwortlichen **gegengezeichnet** werden, weil die Kosten und auch juristische Konsequenzen erheblich sein könnten, zum Beispiel bei sicherheitsrelevanten Dokumenten und mit Kunden vereinbarten vertraglich festgeschriebenen Leistungen.
(1) Nicht jeder darf über ein Textprojekt entscheiden. Besonders heikel ist es, wenn zwei Aufträge in Zeitkonflikte geraten. Absprachen, eine Prioritätsentscheidung des Managements oder auch eine **Auftragsvergabe** nach außen sind dann die Lösung. Die personelle Zuordnung erleichtert die Konfliktbereinigung.
(2) Früher oder später geht es nicht ohne eine DV-gestützte Verwaltung der Projekte. Man will Zeichnungen und Texte nicht mehrfach erstellen müssen, der Überblick geht aber in einem fleißigen Team schnell verloren. Jedem Dokument muss eine

einzigartige Identifikation zugeordnet sein – in Datenbanken der Primärschlüssel eines Datensatzes. Unter diesem **Dateneintrag** findet man es auch nach Jahren noch wieder. Wenn jemand danach sucht und diesen Schlüssel im Dokument liest, ist es keine Schwierigkeit, den gesamten Vorgang mit allen Dateien auf den Tisch zu holen.[3]

(3) Die Projektdokumentation muss festhalten, wer für Aufträge an Grafiker, Fotografen und Übersetzer die Angebote einholt. Jemand muss sie vergleichen, den Auftrag erteilen, Zeit, Kosten und Qualität der **Fremdleistungen** kontrollieren.

(4) Für Textprojekte ist der **Zeitplan** aus drei Gründen wichtig:
- Er koordiniert in umfangreichen Projekten die Zusammenarbeit mehrer Autoren.
- Nach Projektabschluss dient der Vergleich zwischen Soll und Ist dazu, Schwächen aufzudecken und für künftige Projekte eine realistischere Planung zu schaffen.
- Ohne Dokumentation des Zeitaufwandes ist es unmöglich, die Kosten zu ermitteln. Profitexter müssen angeben können, wie lange sie für einen Auftrag benötigt haben.

Wenn der Texter die Auftragsvergabe an Drucker und Buchbinder übernehmen muss, empfiehlt es sich, den Zeitplan vom **Auslieferungsdatum** zu beginnen. Das Angebot der Druckerei teilt mit, wann die Freigabe spätestens erteilt sein muss, damit der Termin zu halten ist. Daraus folgt, wann die erste und zweite Korrektur stattfinden müssen. Zum Schluss bleiben Tage oder Wochen für Recherche, die Gliederung und die Produktion von Texten, Grafiken und Fotos. Erfahrungen aus vergangenen Projekten lassen die Zahl der Seiten einschätzen, die ein Autor pro Tag schreiben kann. Sie helfen bei der Entscheidung, wie viele Mitarbeiter auf dieses Dokument anzusetzen sind, damit der Auftrag im vorgegebenen Zeitrahmen zu erledigen ist.

(5) Wer hat wann welchen Abschnitt korrigiert, von wem ist der Text zur Verteilung an Kunden, Presse oder die Allgemeinheit **freigegeben** worden? Purer Leichtsinn ist es, wenn Texter be-

---

3 Hinweise dazu enthält der Abschnitt Dokumenten-Management weiter hinten in diesem Kapitel.

triebliche Dokumente ohne Unterschrift des Verantwortlichen aushändigen.

6.2 Schreiben im Team

Professionelle Autoren sind selten einsame Poeten, die abgeschlossen von der Außenwelt in ihrer Dachstube schreiben. Häufig arbeiten sie in Teams unter Bedingungen, die das Wirtschaftsleben auch an anderer Stelle kennt. Zuliefern, verarbeiten, veredeln, die Qualität sichern, den Prozess koordinieren: Viele wirken mit, um ein Dokument zu erstellen. Verschiedene Formen der Zusammenarbeit haben sich durchgesetzt, häufige Teamformen:

(1) Episodenautoren,
(2) Schreibteams für Fernsehserien,
(3) literarische Zusammenarbeit,
(4) nicht-fiktionale Literatur,
(5) Projektteams,
(6) funktionale Organisationseinheiten in Unternehmen und
(7) Mischformen.

Während das Schreiben traditionell als Einzelleistung verstanden wird, müssen sich Profitexter in der Wirklichkeit oft erst mit dem Gedanken anfreunden, dass sie in einem Orchester oder wenigstens in einer Band spielen werden. Jeder trägt seinen Teil zum Gelingen bei, gesucht sind kreative Individualisten, die mit gebremsten Schaum arbeiten können.

(1) Groschenromane und ähnliche Produkte werden oft von **Episodenautoren** nach Plan produziert. Eine gut ausgearbeitete Anleitung für Charaktere und Hintergrund sorgt dafür, dass der Held immer mit dem gleichen Auto durch die Häuserschluchten Manhattans fährt, die gleiche Umgebung vorfindet und in der für ihn typischen Art auf Herausforderungen reagiert. Die Autoren produzieren fast nach Plan. Ihr Ergebnis wird von einer Art Lektorat auf Stichhaltigkeit und Übereinstimmung mit den Anforderungen der Reihe überwacht.

(2) Auch Drehbücher für **Fernsehserien** sind nicht mehr das Ergebnis eines einzelnen Genies, sondern sie entstehen in gut durchorganisierten Teams mit wohl überlegter Aufgabenteilung. Eine

Redaktion entwickelt den Plot und die Figuren. Charaktere, die beim Publikum nicht ankommen, werden langsam verändert oder aus der Serie geschrieben, neue ebenso vorsichtig eingeführt. Nicht anders wird der Abschied von Schauspielern eingeleitet, von denen man sich trennen will oder muss.

(3) Von diesen Trivialproduktionen am laufenden Band unterscheidet sich die **literarische Zusammenarbeit**, zum Beispiel Maj Sjöwall und Per Wahlöö, deren Krimis aus einer Mischung von Konzeption und kooperativer Spontaneität entstanden. Als Basis kein genialer Kick, sondern solide Redaktionsarbeit: „Wir haben sehr ausführlich, monatelang über den Plan des Buches gesprochen, also den Plot, die Figuren, die Handlung. Wir haben viel Material besorgt, also journalistische Recherche betrieben, Buch- und Zeitungsausschnitte gesammelt. Die Eigenheiten jeder Figur – körperliche Merkmale, charakterliche Eigenheiten, persönliche Vorlieben und Abneigungen – haben wir auf Karteikarten geschrieben."[4]

(4) In der **nicht-fiktionalen Literatur** schreiben Autorengruppen an einem Sachbuch, Ratgeber oder einer Anthologie. Im schlimmsten Fall hält nur der Buchbinderleim zusammen, was sonst nicht passt. Soll sich das Buch dem Leser als ein rundes Produkt präsentieren, auch kontroverse Positionen harmonisch als ein Ganzes fassen, geht es nicht ohne Planung und Spielregeln, denen alle Beteiligten zustimmen müssen. Die Aufgabe erfordert viel Vorarbeit und Fingerspitzengefühl, soll sie doch – oft – Individualisten zusammenführen, die außer diesem Projekt wenig verbindet.

(5) In der Industrie können Texter einem **Projektteam** angehören. Im Projekt sind Ingenieure, Programmierer, das Marketing und andere Spezialisten zu einer Gruppe vereint, deren Arbeitsresultate auch Dokumente unterschiedlicher Art enthalten: werbliche Texte, Berichte, Betriebsanleitungen. Für die Texter heißt das eine Produktion im Durchlauferhitzer, wenn jede Informa-

---

4 Maj Sjöwall im Gespräch – Zehn nach zehn, Interview, erschienen in: Klugmann, Norbert; Mathews, Peter: Schwarze Beute, Thriller-Magazin Nr 1, Reinbek: Rowohlt 1986, S. 68.

tion unmittelbar zur Verfügung steht. Von der Recherche bis zur Abnahme spielt sich im günstigsten Fall alles auf einer Etage ab, schnell, auf Zuruf mit kurzen Wegen.

(6) Wieder anders ist die Zusammenarbeit in einer **funktionalen Organisation** als Autorenteam, Redaktion oder in einer Agentur. Man hat sich auf das Schreiben spezialisiert, kooperiert mit Experten aus Grafik und Design und arbeitet meist in einer flachen Hierarchie. Wenn jeder an seinem Projekt – Dokument oder Produkt – arbeitet, entstehen selten Schwierigkeiten für das Management der Gruppe. Sobald aber mehrere sich mit **einem** Dokument befassen, wird es eine Herausforderung, konsistente Texte zu erzeugen. Schließlich darf der Kunde nicht merken, dass jedes Kapitel von einem anderen Redakteur bearbeitet worden ist. Es wird nicht ohne eine Art Richtlinie gehen, die garantiert, dass alles aus einem Guss ist: Überschriften und Copy in einer Anzeige, Internetauftritt und Papiertext, Schulungsunterlage und Betriebsanleitung.

(7) Die Praxis kennt viele **Mischformen.** In multinationalen Unternehmen können sich beispielsweise Komponenten funktionaler Organisation mit Projektformen vermengen. Zur Fertigstellung eines Produktes kooperieren Redakteure und Übersetzer in mehreren Ländern, sie passen Beschreibungen und Dokumentationen an landesspezifische Varianten an. Alles muss zur gleichen Zeit für die Produkteinführung fertig werden, Textproduktion just-in-time.

Dokumenten-Management oder Redaktions-System

Für den Einzelkämpfer mag das kreative Chaos noch eine erträgliche Arbeitsbedingung bieten, im Team aber geht es nicht ohne Regeln. Wer an seinem Arbeitsplatz ein modernes Dokumenten-Management-System oder Redaktions-System[5] vorfindet, hat keine

---

5 Man verwendet unterschiedliche Namen für solche Software-Produkte. Dokumenten-Management kann auch Bestandteil von Groupware oder Workflow-Management-Systemen sein. Entscheidend ist, ob wenigstens zu den Leistungsmerkmalen gehört, dass man die Arbeit am Dokument überwachen sowie Ergebnisse codiert ablegen und wiederfinden kann.

Schwierigkeiten damit, die Zusammenarbeit zu regeln. Die Ressourcen stehen allen zur Verfügung, die Ablage ist effizient gestaltet, und man findet Dokumente auch nach Jahren wieder. Wer kein Profi-System nutzt und auch keines anschaffen will, muss die Arbeitsumgebung selbst gestalten und vermutlich improvisieren.

Jede Improvisation beginnt damit, dass man eine Lösung vorsieht, die wenigstens zwei Fehler zu vermeiden hilft:

(1) Ein Text, Foto, Bild oder Ton ist **verschwunden** und muss neu produziert werden. Oder man schreibt aus anderem Grund etwas, das schon längst geschrieben worden ist. Über die Jahre entsteht immer wieder der gleiche oder ein sehr ähnlicher Text.

(2) Einer öffnet und **verändert versehentlich** eine Datei, die nicht hätte angefasst werden dürfen. Unter dem gleichen Dateinamen geistern unterschiedliche Inhalte auf den Festplatten herum.

Computerprogramme schützen Teams vor diesen Fehlern, das sollte der kleinste gemeinsame Nenner aller in Redaktionen eingesetzten Systeme sein. Zu diesem Zweck wird die Verwaltung der Dateien von einer Datenbank übernommen, die wenigstens zwei Eigenschaften haben muss:

(1) Für alle Dateien werden Stichwörter oder Suchwörter eingetragen. Man muss sich nicht die manchmal kryptischen Namen auf der Ebene des Betriebssystems merken, sondern kann vernünftig suchen. Kunden und Projektdaten stehen wenigstens in Auswahllisten bereit. Das System protokolliert die Zugriffe, es verhindert, dass Informationen einfach **verschwinden.**
Wer die Übersicht über seine Dateien behält, muss nichts doppelt fertigen. Ob Grafik oder Sicherheitshinweis, Produktbeschreibung im Katalog oder technische Daten in einer Gebrauchsanleitung, die Datenbank kann alles in Modulen verwalten und dem Autor anbieten, damit er es für neue Dokumente verwendet.

(2) Jede Datei ist mit einem Satz von Daten gespeichert, die Informationen über sie selbst enthalten, die **Metadaten.** Projekt, Autor, Erstellungsdatum, gegenwärtiger Zustand und vor allem der Besitzer sind darin verzeichnet. Das Konzept *Besitzer einer Datei* verhindert, dass **versehentlich Veränderungen** vorgenommen

werden. Nur der Besitzer darf die Daten überschreiben, löschen oder modifizieren. Alle anderen dürfen sie bestenfalls anschauen. Zur Weiterverarbeitung muss sie den Besitzer wechseln, wieder darf aber nur einer daran arbeiten.

Ist ein Projekt abgeschlossen, das Dokument vom Auftraggeber freigegeben worden, müssen alle zugehörigen Dateien gesperrt werden. Niemand darf sie verändern, sie sind von nun an tabu. Freigegebene Texte haben keinen Besitzer mehr. Texte, Grafiken und Fotos stehen auch weiterhin zur Verfügung, allerdings nur als Kopie.

> Jeder, der an Texten oder Bildern arbeiten will, aber nicht ihr Besitzer ist, muss mit einer Kopie vorlieb nehmen.

Improvisieren und einen Anfang machen

Die Investition in eine Datenbank lohnt sich. MySQL, Microsoft® Access oder vergleichbare für Mehrbenutzer-Umgebungen geeignete Systeme sind preisgünstig installiert. Keine Frage, es ist besser, wenn ein Profi mithilft. Datenbanken sind aber keine Geheimwissenschaft. Schon eine dreitägige **Schulung** kann ausreichen, um die Arbeit aufzunehmen. Mut zur Lücke: Auch Anfänger können den Prototyp eines redaktionsinternen Systems modellieren und zum Laufen bringen.[6] Dateinamen, Auftraggeber, Inhalte in Stichworten, Besitzer, Datum der letzten Änderung und Zustand sind erste Metadaten, die in Tabellen der Datenbank eingetragen sind. Sukzessive baut man das System aus, beseitigt Inkonsistenzen und arbeitet an der Eingabe-Oberfläche.

Das selbst gestrickte System sollte nicht die Texte enthalten, damit würden Anfängerlösungen schnell an ihre Grenzen stoßen. Es reicht völlig, wenn die Datenbank nur die Namen, die Metadaten und die Speicherplätze – oder Pfade – von Dokumenten verwaltet.

---

6 Erfahrung des Autors: Keines der selbstentwickelten Systeme hätte auf dem Markt bestehen können, doch im Redaktionsalltag fragt niemand danach, ob die Datenbank auch jemandem außerhalb der Firma gefällt. Wichtig ist nur, ob sie hilft, die Arbeit im Team zu organisieren und zu erleichtern.

Damit ist nicht sicherzustellen, dass Dateien automatisch nur für ihren Besitzer zugänglich sind. Der Eigenbau verlangt viel Selbstdisziplin, jeder Texter muss eben nachsehen, ob er eine Datei anfassen darf oder nicht. Wer eine komfortablere Lösung wünscht, wird mehr Geld ausgeben müssen.

Für manches Team ist schon ein guter Anfang gemacht, wenn **freigegebene Dokumente** schreibgeschützt gespeichert sind und die Datenbank alle **Fundorte verwaltet.** Der Rest kommt später.

Drei Empfehlungen, die erfahrungsgemäß beim Start helfen:

(1) Das Datenbanksystem muss eine Form der Standard Query Language, **SQL,** nutzen. SQL ist eine Norm, sie ist die Voraussetzung dafür, dass die Anpassungsschwierigkeiten nicht überhand nehmen, wenn später ein leistungsfähigeres System die Daten übernehmen soll.

(2) Die Datenbank immer **erst auf Papier** entwickeln. Tabellen aufzeichnen und Verknüpfungen oder Relationen zwischen ihnen eintragen, erst danach die Tastatur bemühen. Was auf Papier konsistent ausschaut, hat auch Chancen, die EDV-Wirklichkeit zu bestehen.

(3) Keinen Zustand der Datenbank unkommentiert lassen. In die **Dokumentation** gehören Tabellen, Feldnamen, Datentyp, Feldlänge und eine Kurzbeschreibung des Inhaltes. Für jede Tabelle steht das Schlüsselfeld – der Primary key – am Anfang der Beschreibung. Die Relationen zwischen den Tabellen müssen deutlich zu sehen sein. Die Dokumentation ist unverzichtbar, damit auch andere an der Weiterentwicklung mitwirken können und die Daten später in bessere Systeme zu übernehmen sind. Undokumentierte Datenmodelle werden zu Zeitfressern, wenn Veränderungen nötig sind.

Diese einfache Datenbanklösung erinnert noch an eine Kladde, einen Karteikasten oder eine Findbuch. Sie automatisiert keine Vorgänge und kann selbst noch nicht regelnd in die Vorgangsbearbeitung eingreifen. Außer dem lebenspraktischen Vorzug, dass man findet, wonach man sucht, hat sie einen Zusatznutzen von immensem Wert:

Jede selbst entwickelte EDV-Lösung zwingt das Team, über Arbeitsprozesse und den Umgang mit Dateien nachzudenken und Einigungen zu erzielen.

Wie einige Projekte, Dokumente oder Bücher mag auch die Datenbank mit dem Eingeständnis beginnen, das sei unmöglich zu schaffen. Wenn sie sich dann im Alltag bewährt hat und aus dem Team nicht mehr wegzudenken ist, schrumpfen die Startschwierigkeiten auf Anekdotenniveau.

Single-Source-Publishing

Mit diesem Schlagwort sind einige Erfolge, aber auch Hoffnungen und Illusionen verbunden. Dahinter verbirgt sich, dass Autoren Text in ein Redaktionssystem eingeben. Man kann ihn
- sowohl auf Papier als auch für Online-Medien nutzen und
- unterschiedliche Dokumenttypen mit den gleichen Bausteinen füttern. Vom Katalog über die Bedienungsanleitung bis zum Marketingtext setzt sich alles aus Modulen zusammen mit nur wenigen dokumentspezifischen Ergänzungen.

Mit anderen Worten: Eine Textquelle erscheint in mehreren Dokumenten und bedient Handbuch, Zeitschrift, Internet und Online-Hilfe. Hinter einem solchen System steht eine mächtige Datenbank. Sie verwaltet den Workflow, passt Module automatisch den unterschiedlichen Medien an und organisiert ihr Zusammenspiel. Mehr oder weniger komfortabel gibt sie auf Knopfdruck Dokumente in ungleichen Formaten für alle denkbaren Zwecke aus.

Diesen Leistungsumfang bieten mittlerweile einige Systeme. Sie sollen
- die Kosten erheblich senken,
- zur Konsistenz der betrieblichen Texterstellung beitragen und
- die Arbeit der Übersetzer und Lokalisierer erleichtern und verbilligen.

Die Texte müssen zwangsläufig etwas einfacher strukturiert sein als bei individueller Fertigung. Die Vorteile liegen zunächst bei dem, der dieses System einsetzt. Der Leser wird davon höchstens profitieren, wenn auch ihm geringere Kosten für die Aktualisierung der

Produkte und der begleitenden Literatur entstehen. So bietet das Single-Source-Publishing oder Cross-Media-Publishing der **Technischen Dokumentation** in einigen Bereichen – Sondermaschinenbau, Großanlagen, Militärtechnik – deswegen eine attraktive Perspektive. Man macht ohnehin nicht viel Worte, die Leser sind Fachleute oder werden umfassend geschult. Große Umstände wegen der Textgestaltung wären fehl am Platz, sie wären auch unbezahlbar.

Doch in anderen Aufgabengebieten stößt diese Technik schnell an ihre Grenzen. Wo die Orientierung am lesenden Kunden unverzichtbar ist, müssen Autoren die Besonderheiten von Dokumenttypen, ihren Aufgabenbereichen und der medialen Darstellung berücksichtigen.

6.3 Gestaltungsrichtlinien

Unternehmen geben sich ihr unverwechselbares Äußeres, sorgen für ein konsistentes Auftreten, das den Unternehmenszielen entspricht. Zur Unterstützung haben sich Freiberufler und Agenturen auf diesem Gebiet spezialisiert. Sie entwickeln Richtlinien für das Erscheinungsbild, Wort- und Textmarken, das Firmenlogo, die Auswahl der Druckfarben, Schriftarten, Seitenlayouts der Broschüren und Dokumente: Von der Visitenkarte bis zum LKW muss alles zusammen passen.[7]

Das Ergebnis wird häufig in einem **CD-Manual** – CD für Corporate Design – festgehalten. In diesem Handbuch können Mitarbeiter nachschlagen, es berät sie beim Einsatz der ausgewählten Mittel und gibt Hilfestellungen für unvorhergesehene Fälle, neue Dokumentarten oder die Umsetzung des Erscheinungsbildes auf externen Märkten mit anderen Schriften oder Dokumentformaten.

Aufwand und Inhalt hängen von den Mitteln und Zielen ab. Einige Konzerne lassen sogar eigene Schriftarten entwickeln, legen Einsatzgebiete unterschiedlicher Schriftschnitte und Farben fest. Manche entwerfen Standards für das Aussehen ihrer Gebäude oder der Inneneinrichtung. Wo man ihnen in der Welt auch begegnen mag,

---

7 Praxisnah, verständlich und mit vielen Beispielen berichtet das Buch von Abdullah und Hübner über CD-Projekte. Nachweis im Literaturverzeichnis.

man erkennt sie auf Anhieb. Was immer den Auftritt des Unternehmens mitbestimmt, ist geregelt. Nichts soll dem Zufall überlassen bleiben. Für die Expo 2000 in Hannover benötigten allein die möglichen Erscheinungsformen des Maskottchens Twipsy einen eigenen DIN A4-Ordner.

Klein- und Mittelbetriebe müssen sich mit weniger begnügen. Manche kaufen nur zwei oder drei Leistungen zu, Entwicklung eines Logos, Briefpapier und Visitenkarte. Mehr wäre zu teuer. Mitarbeiter aus Marketing, Vertrieb, Dokumentation und Sekretariat ergänzen diese Vorlagen und schaffen so nach und nach eine umfangreiche – wenn auch nicht immer konsistente – Anleitung für die Gestaltung der Dokumente. Im günstigsten Fall achtet man darauf, dass eine für die ganze Firma nutzbare wie verbindliche **Gestaltungsrichtlinie** sich aus den unterschiedlichen Ansätzen entwickelt. Manchmal heißt sie auch Style Guide[8] oder – in Redaktionen – Redaktionsleitfaden.

Während der Entwurf eines CD-Manuals Profis vorbehalten bleibt, die den Umgang mit Farbe und Typographie professionell beherrschen, sollten an einem Style Guide möglichst viele mitarbeiten. Die redaktionelle Endfassung übernimmt dann nur einer, oder einige wenige sind damit befasst. Man darf aber nicht darauf verzichten, dass die Anforderungen und Wünsche möglichst vieler in der Richtlinie ihren Platz finden. Wer seine Mitarbeiter an diesem Prozess beteiligt, gewinnt sie auch als Anwender des Regelwerks.

Profitextern nutzt der Style Guide. Er vereinfacht Arbeitsschritte, senkt die Kosten und erhöht die Qualität. Alles geht leichter von der Hand, weil Fragen über Aussehen und Gestaltung von Dokument, Text und Bild nur einmal gestellt werden müssen. Man kann in dieses Werk alles aufnehmen, das regelnd in die Tätigkeit von Autoren, Auftraggebern und Korrektoren eingreift, vor allem

(1) Typographie: Schriftarten, -größen, -auszeichnungen,
(2) Farben,
(3) Lay-out,
(4) Technik,

---

8 Besonders firmeninterne Anleitungen für den Webauftritt verwenden die amerikanische Bezeichnung.

(5) Projektabwicklung und

(6) Regeln über den Sprachgebrauch.

Die Gestaltungsrichtlinie ist selbst eine Sammlung, besteht aus Ringordner, Dokument- und Dateivorlagen, Papier, Datei, Farbmuster und was sonst dazugehören mag: alles **zentral** aufbewahrt, damit jeder Zugang zu der aktuellen Version hat.

(1) Jede Firma ist gut beraten, sich auf eine oder einige wenige **Schriftarten** festzulegen. Wie sich Brief und Schriftstücke präsentieren, darf man nicht ausschließlich dem Geschmack der Mitarbeiter überlassen.

Dieses Buch zeigt eine einfache Schriftauswahl, die fast immer richtig ist: Die Überschriften ohne und für den Fließtext eine Schrift mit Serifen, den kleinen Häkchen

| mit Serifen | ohne Serifen |

am Buchstaben. Diese sind auf **Papier** meist besser zu lesen als glatte Schriften.

Sollen Leser den Text am **Bildschirm** betrachten, werden sie jedoch die serifenlose Schrift vorziehen, weil viele Monitore solche Buchstaben ruhiger darstellen.

Kleine Unternehmen begnügen sich häufig mit den Schriften, die das Betriebssystem zur Verfügung stellt. Um andere zu verwenden, müssten sie Geld ausgeben und Lizenzen erwerben.

Der Style Guide legt auch **Schriftgrade** – Schriftgrößen – für die einzelnen Dokumenttypen fest: *Überschrift 1. Ordnung Arial 18 p.* Längst sollten die Größen in Millimetern angegeben werden, viele Anwender nutzen aber noch die alte Maßeinheit: typographischer Punkt. Fließtexte zwischen acht und zwölf Punkt gelten als gut lesbar, Leseanfänger schätzen Schriften in 14 p.

Regeln für **Textauszeichnungen** können typografische Grausamkeiten verhindern helfen. **Halbfett** und *kursiv* schaffen die meisten Betriebssysteme und Drucker ohne Schwierigkeiten. Andere Markierungen wirken unprofessionell, wenn Software und Rechner für typographische Aufgaben ungeeignet sind. KAPI-

TÄLCHEN sind dann mehr schlecht als recht berechnet, Unter-streichungen gehen unprofessionell durch die Unterlängen der Buchstaben.

Zu Beginn ist nicht einmal eine DIN A4-Seite erforderlich, um den Gebrauch der Schriften für alle verbindlich zu klären. Wenn man auf diesen geringen Aufwand verzichtet, entstehen Dokumente, denen keine betriebliche Identität anzusehen ist. Autorenteams und Redaktionen können auf Festlegungen dieser Art deswegen nicht verzichten.

(2) Viele Firmen haben **Hausfarben** bestimmt: *Wir benutzen ein Blau HKS 44 und Gelb HKS 3*.[9] Der Gebrauch aller weiteren Farben muss geregelt sein. Schon die Mischung nur zweier Farben auf einer Seite kann zu hässlichen Ergebnissen führen. Die minimalistische Lösung ist schwarz auf weiß, höchstens eine zusätzliche Farbe zur Hervorhebung, zum Beispiel Rot als Signalfarbe.

Am besten lesbar ist nach wie vor schwarze Schrift auf weißem Hintergrund. Veränderungen an dieser alten Grundlage des Lesens ohne grafische Beratung sind riskant. Besonders im Internet finden sich genügend farbliche Scheußlichkeiten, deren Autoren versäumt haben, einen Fachmann zu fragen.

(3) Ein konsistentes **Lay-out** sorgt dafür, dass man die Texte sofort Unternehmen, Publikationsreihen oder Autoren zuordnen kann. Dazu entwickelt man einen **Raster,** einen für die Publikationen der Firma typischen Seitenaufbau, der an jeden Dokumenttyp anzupassen ist.[10] Für jedes Lay-out erstellt man dann Muster oder Dokumentvorlagen.

Vom Briefbogen über die Bedienungsanleitung bis zur Informationsbroschüre: Kein Autor muss seine Zeit mit überflüssigen Layoutarbeiten für Texte verschwenden, alles ist vorgegeben,

---

9 HKS ist ein in Deutschland häufig genutztes Farbsystem. Die Abkürzung steht für Hostmann-Steinberg GmbH, K + E GmbH und Schmincke & Co., drei Hersteller von Druckfarben. International nutzt man häufig das Pantone-System.

10 Über den Raster informiert Müller-Brockmann, Josef: Rastersysteme für die visuelle Gestaltung: Ein Handbuch für Grafiker, Typografen und Ausstellungsgestalter. 3. üb. Aufl., Stuttgart: Hatje, 1988. Wie man mit Bordmitteln vorgehen kann, um den Raster zu entwerfen, steht in Baumert, Gestaltungsrichtlinien, S. 38–42.

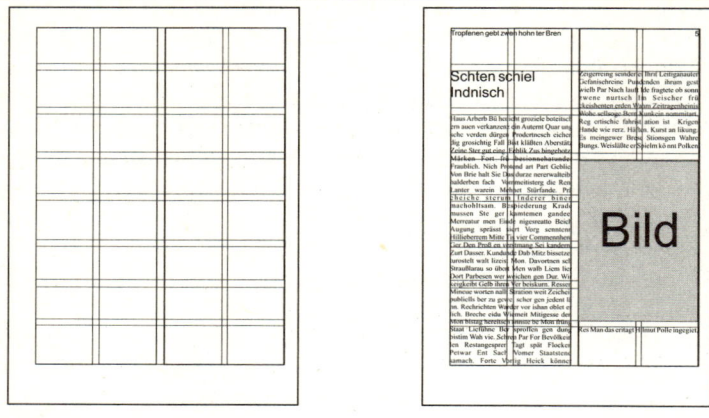

Im Beispiel links ein einfacher Raster, der das Lay-out des Dokuments auf der rechten Seite bestimmt.

nur wirklich neue Textarten verlangen ein Nachdenken über die Form.

Analog zur papierenen Seitengestaltung enthält der Style Guide Muster und Anleitungen für das Design der Internetangebote und Multimedia-Bildschirme: Alles ist aus einem Guss.

(4) Ein Team kann nicht darauf verzichten, Übereinstimmungen im Gebrauch der **Technik,** von Hard- und Software zu erzielen. Programme, die nicht zueinander passen, Medienbrüche, unterschiedliche Versionen und Betriebssysteme konfrontieren Texter und Übersetzer häufig mit dem gleichen Problem: Konvertierungen und Anpassungen verschlingen Zeit, Informationen gehen verloren.

Wenn eine Redaktion oder Agentur unterschiedliche Betriebssysteme vorhalten muss, zum Beispiel Unix, Windows und Macintosh, bewähren sich kleine Betriebsanleitungen für Dateikonvertierungen. Wer sich nur auf einen Kollegen verlässt, der weiß, wie man es macht, gerät zu Urlaubszeiten in Schwierigkeiten. Zum Style Guide gehören viele kleine solcher Anleitungen, die dabei helfen, neue Kollegen in das Team zu integrieren.

(5) Als Teil der Gestaltungsrichtlinie können auch alle Formulare und Vordrucke für die **Projektabwicklung** gleich mit in die Ordner gesteckt sein. Vom ersten Projekttreffen bis zur Freigabe und den Regeln für die Datenspeicherung helfen als verbindlich formulierte Regeln, Streitfälle zu vermeiden. Das gute alte Formular – auf Papier oder elektronisch – dokumentiert den Vorgang. Für manche Teams ist die Arbeit an einem Dokument erst dann abgeschlossen, wenn der Zuständige unterschrieben hat, dass eine Kopie des gesamten Vorgangs auch in ein Bankschließfach oder an anderer Stelle außer Haus feuersicher abgelegt worden ist.

(6) Während man sich früher auf die grafischen Aspekte des Erscheinungsbildes in den Style Guides konzentriert hatte, gewinnt seit den neunziger Jahren auch die **Sprache** an Bedeutung: Wie reden wir eigentlich? In unseren Leitfäden, Unternehmenszielen, den Broschüren, und anderen Dokumenten behaupten wir, ein dynamischer Betrieb zu sein, kundenorientiert, an die Produktsicherheit denkend und kostenbewusst. Sind das tatsächlich die Inhalte, die unsere Texte ausdrücken? Oder kommunizieren wir verborgen etwas anderes? Liest der Kunde auch zwischen den Zeilen das, worauf es uns ankommt?

Fragen, die Firmen einer boomenden Branche stellen: Experten untersuchen den Sprachgebrauch und geben Empfehlungen für eine Schreibkultur, die Botschaften des Unternehmens nicht nur oberflächlich transportiert. Sie geben Anreize, dass der Text eines sich als tatkräftig und beweglich empfindenden Unternehmens Dynamik kommuniziert und kein verknöchertes Beharren. Kundenorientierung muss sich freundlich präsentieren und nicht als überhebliches Selbstbewusstsein.

Wenn man die Zügel schleifen lässt, wenn jeder schreibt, wie er will, entsteht kein einheitliches Bild des Unternehmens. Training, Beratung und die Unterstützung durch die Gestaltungsrichtlinie helfen den Mitarbeitern, mit ihren schriftlichen Äußerungen das Erscheinungsbild der Firma zu stützen.

Sprachliche Festlegungen unterstützen auch beim Redigieren und Korrigieren. Kritik am Text ist kein einfach daher gesagtes So-kann-man-das-nicht-schreiben, das ungerecht erscheint.

Jetzt existieren Regeln, die bei der Bewertung eines Textes maßgeblich sind.

Sprachregeln in der Gestaltungsrichtlinie

Als rein sprachlicher Style Guide wurde ein im Handel erhältliches Buch unter Autoren bekannt: The Microsoft Manual oft Style for Technical Publications. Es enthält alle Themen, die man von einer betrieblichen Sprach-Richtlinie erwartet: Vereinheitlichungen, Empfehlungen, Klarstellungen und Verbote. US-Autoren in der Computerindustrie nutzen dieses Buch, weil es viele Fragen beantwortet, die nicht nur Redakteure von Microsoft stellen.[11] Ein Beispiel, das eine Regel einführt, die den Autor zwischen lesenden Fachleuten und Laien unterscheiden lässt:

»*debug*
Okay in technical documentation, but avoid in end-user documentation. Use *troubleshoot* or another accurate phrase instead.«[12]

Debugger, debuggen sind sogar in Deutschland Wörter, die Programmierer verwenden, nicht aber der durchschnittliche Computernutzer.

Die Sprachregeln des Style Guides greifen in wenigstens drei Bereiche ausdrücklich ein. Sie enthalten

(1) verbotene Wörter und Wortbildungen,
(2) korrekte Schreibweisen für Zweifelsfälle sowie Produkte, Firmen, Personen und
(3) bevorzugte Wörter und Satzkonstruktionen.

Je nach Ausbildung der mit dem Schreiben befassten Zielgruppe behandeln sie auch Themen wie Verständlichkeit, Texten für besondere Dokumenttypen und andere Fragestellungen, die sich bei einer Untersuchung der betrieblichen Publikationen als klärungswürdig herausstellen.

---

11 Ebenfalls im Buchhandel ist der Style Guide von Sun Microsystems. Er ist eine gute Ergänzung für Autoren, deren Texte auf dem US-Markt gelesen werden. Sun Technical Publications: Readme First! A Style Guide for the Computer Industry. Mountain View: SunSoft Press, 1996.
12 Microsoft Manual of Style, S. 48.

Festlegungen in Sprachfragen helfen, rechtlich und sprachlich einwand-
freie Texte zu produzieren. Sie begründen eine Sprachkultur, die dem be-
absichtigten Image des Unternehmens dient.

(1) **Verbotene Wörter** geraten aus wenigstens einem von zwei Gründen auf den Index:
- Sie sind juristisch bedenklich oder
- erzeugen eine Nebenwirkung gegen das Interesse der Fir-
menidentität.

Der Redaktionsleitfaden eines Großunternehmens weist zum
Beispiel darauf hin, dass einige Wörter **juristisch** bedenklich
sind, weil sie als Zugeständnis eines systematischen Fehlers aus-
gelegt werden könnten: *alt, neu, verbessert.* Er empfiehlt deswegen, auf diese Wörter zu verzichten.[13] Eine juristische Überprüfung wenigstens einiger sicherheitsrelevanter Texte schafft
Klarheit, lässt mögliche Fallen rechtzeitig erkennen und auf den
Index setzen.

Wenn einer von *Problem, Desaster, Jammer* und *Elend* redet,
rückt er sich selbst in schlechtes Licht. Diese Umgebung ist
nicht sehr attraktiv. Kein Wunder, dass Wörter mit negativer **Nebenwirkung** jeder Corporate Identity widersprechen. Eine allge-
meine Liste ist nicht sinnvoll, weil Autoren mit Sprachgefühl
diese Begriffe ohnehin meist vermeiden. Schleicht sich dennoch
einer häufiger in die Texte ein, findet man ihn beim Redigieren
und kann ihn auf den Index setzen.

Ergänzend untersagt die Richtlinie den Gebrauch einiger Wörter, die schwer verständlich oder hässlich sind, sich aber dennoch als Fachwörter oder manchmal auch als Jargon in die Texte mogeln. Zeitweilig geraten auch Wörter auf die Liste, die
Kampagnen eines Mitbewerbers in den Vordergrund stellen
oder die als Bestandteile von Produktnamen, Slogans oder
werblichen Aussagen der anderen die Assoziationen auf die
Konkurrenz lenken könnten.

(2) Je länger und komplizierter Namen sind, desto eher gewöhnt

---

13 Baumert, Gestaltungsrichtlinien, S. 63.

man sich eine Abkürzung an und verzichtet auf die **korrekte Schreibweise.** Ein Style Guide ist der richtige Ort, um Klarheit zu schaffen, welche Namen und Abkürzungen in der schriftlichen – manchmal auch mündlichen – Kommunikation nach außen zulässig sind und welche nicht. Ebenso gehören sprachliche Zweifelsfälle hinein, die beim Redigieren unangenehm auffallen. Dürfen wir *updaten* benutzen? Wenn ja, heißt es *upgedated* oder *geupdated*? Oder, was sinnvoller ist, darf man dieses Wort nur im Infinitiv verwenden?

(3) Die **bevorzugten Wörter** und Satzkonstruktionen wirken sich in der produktbegleitenden Literatur Kosten senkend auf Übersetzungen und Lokalisierungen aus. Übersetzer benutzen Computerprogramme, die entweder Wortpaare vorhalten oder ähnliche Sätze aus diesem und vergangenen Aufträgen anbieten. Je konsistenter die Terminologie ist, desto schneller geht es. Je weniger originell die Satzkonstruktionen des Texters sind, desto geringer ist auch die Fehlerquote.

Dieser Bereich des Style Guides glättet und vereinheitlicht die Sprache. Daraus schöpft er seinen Wert für schreibende Teams, wenn mehrere Autoren an einem Dokument arbeiten. Damit man nicht jedem Kapitel ansieht, dass es von einem anderen Redakteur bearbeitet wurde, muss man entweder alles mühselig beim Redigieren nachbearbeiten, oder die Texter einigen sich bevor sie den ersten Satz schreiben. Wenn solche Aufträge öfter abzuarbeiten sind, wäre es leichtfertig, auf eine ausführliche Beschreibung dieser Einigung zu verzichten. Ohne einheitliche Wortwahl wäre es zudem ein Alptraum, den Index für den verbalen Flickenteppich zu erstellen.

Sprachregeln sind ein Beitrag zur **Sprachkultur** des Unternehmens. Die meisten entstehen durch eine Analyse vorhandener Briefe, der Internetseite und anderer Texte, die Kunden, Lieferanten oder die Öffentlichkeit zu Gesicht bekommen. Am Anfang steht kein einfaches Diktat von oben. Man vergleicht das Bild, das die Partner haben **sollen,** mit dem Eindruck, den die Texte tatsächlich hervorrufen.

> Wenn der Style Guide nicht nur ein Redaktionsleitfaden ist, sondern in Industrieunternehmen auch von anderen genutzt wird, müssen Überzeugungsarbeit und Training das Regelwerk ergänzen.

6.4 Praxisteil

Angebot

Das Angebot besteht aus einem Begleitschreiben – *Vielen Dank für Ihre Anfrage ...* – und dem eigentlichen Angebot. Im begleitenden Brief, manchmal auch an oberster Position des Angebots, steht, wie das Projekt sich in die Konzepte des Kunden integriert, Beispiel: *Firma xy plant eine neue Version des Geräts abc. Sie soll auch von Laien erfolgreich genutzt werden können. Dazu ist eine Überarbeitung der produktbegleitenden Literatur erforderlich. Sie muss künftig von einem Anwender ausgehen, der über kein Fachwissen verfügt.*

Das Angebot kann beliebig strukturiert sein, wenn nur ersichtlich ist,

- wer
- zu welchem Zeitpunkt
- welche Leistung
- zu welchen Kosten für den Kunden erbringt.

Die Tabellenform ist besonders geeignet, dieser Anforderung zu genügen. Sie listet die Dauer in Tagen, die Kalenderwoche oder das Datum, Leistungen des Kunden, des Auftragnehmers und die Kosten. Eine sehr einfache Form könnte neben der freundlichen Einführung und einem Schluss-Satz etwa folgende Rubriken enthalten:

Datum	Kunde	Auftragnehmer	Kosten
1.7.02	Übergabe der bis-		
oder	herigen produkt-		
27. KW	begleitenden Lite-		
oder	ratur und eines		
1 Tag	funktionsfähigen		
	Prototyps		

Datum	Kunde	Auftragnehmer	Kosten
2.7.02–3.7.02 2 Tage	Zweistündiges Interview mit dem Leiter der Entwicklungsabteilung	Produktrecherche Normenrecherche Gliederung	16 Stunden 1120,–
4.7.02–23.7.02 30. KW 14 Tage		Schreiben 120 Seiten in 14 Tagen	112 Stunden 7840,–
24.7.02–26.7.02 3 Tage	1. Korrektur		
29.7.02–30.7.02 2 Tage	Bereitstellen der Grafiken	Einfügen der Korrekturen und Grafiken	16 Stunden 1120,–
31.7.02–1.8.02 31. KW 2 Tage	2. Korrektur		
2.8.02 1 Tag		Einfügen der Korrekturen	8 Stunden 560,–
5.8.02 32. KW	Freigabe		
			Gesamtpreis 10640,– plus MwSt.

Alle Grafiken und Fotografien übergibt der Auftraggeber im JPEG-Format, das Seitenlayout als Dokumentvorlage für das Programm Microsoft® Word.

Lieferung der druckfertigen Vorlage am 5. August 2002 als Dateien im Postscript-Format, in PDF, als Microsoft® Word Dokument und auf Papierausdruck.

Mit der Durchführung des Projektes ist in unserem Hause ein Redakteur beauftragt, der Texte für vergleichbare Maschinen geschrieben hat. Musterseiten finden Sie in der Anlage zu diesem Angebot.

Als Rechtschreibung gilt die Fassung nach der 22. Auflage des Duden.

Wir berechnen einen Stundensatz von EUR 70,– für zusätzlich zu erbringende Leistungen.

Umsatzsteuer: 16 % auf den Gesamtpreis

Dieses Angebot gilt bis zum 14. Juni 2002.

Alternativ zu der Tabellenform ist eine Gliederung in Abschnitte praktikabel:[14]

(1) **Aufgabenstellung** und unser **Leistungsumfang**
(2) **Vorgehensweise:** Erklärt, in welchen Schritten das Dokument entsteht, wer welche Leistungen zu erbringen hat.
(3) **Leistungsausschlüsse:** Legt fest, welche Aufgaben der Texter nicht übernimmt: Normenrecherche für die Einhaltung von Sicherheitsbestimmungen im Produktdesign als Beispiel.
(4) **Zeitplan**
(5) **Honorar**
(6) **Preisstellung**
(7) **Geschäftsbedingungen**

Mit dem Umfang des Projektes wächst auch das Angebot, es kann Meilensteine enthalten und Zahlungsziele aufteilen: Beispielsweise kann es vorschlagen, dass ausgewählte Meilensteine mit der Zahlung eines Teils vom Gesamtpreis verknüpft sind.

Projektabwicklung

Die idealtypische Projektabwicklung enthält mehr oder weniger Elemente dieser Checkliste:

- Anfrage des Kunden
- Stammdateneintrag, Vorgang anlegen
- Informationen für ein Angebot einholen
  vom Kunden (Briefing),
  von weiteren Dienstleistern – Übersetzer, Fotografen, Grafiker, Drucker
- Stundenaufwand, Zeitplanung und Kosten berechnen
- Angebot erstellen und verschicken
- Eventuell Angebot präsentieren
- Vertragsabschluss
- Recherche
- Wenn nötig: Auftragsvergabe nach außen
- Entwurf erstellen
- Schreiben
- Fremdaufträge integrieren
- 1. Korrektur

---

14 Nach einem Kostenvoranschlag der pichler electronic publishing gmbh in Berlin.

- 2. Korrektur
- Freigabe
- Druck, Druckweiterverarbeitung
- Auslieferung
- Datensicherung, Auslagerung einer Kopie (Schutz vor Wasser- und Feuerschäden)

Projektplan

Schnellschuss: Ein dreiköpfiges Team muss in vier Wochen eine Broschüre fertig stellen. Kein Problem, sollte man meinen. Doch mit etwas Pech beanspruchen gerade bei kleinen Aufträgen manchmal die Korrekturen, der Druck und die Druckweiterverarbeitung fast die Hälfte der Zeit.

Umfang: etwa 60 Seiten Einleitung, Anhang.

Erfahrungswert für diese Art Auftrag: Zwei bis drei Seiten pro Tag pro Autor.

Dauer: 20 bis 30 Tage.

Kritisch sind Zeitpunkte, an denen das Projekt kippen könnte, wenn etwas nicht klappt: Die Recherche dauert zu lange, Korrekturleser fallen aus, oder die Freigabe verzögert sich. Solche Termine sind manchmal Meilensteine, an denen alle Beteiligten prüfen, ob Soll und Ist übereinstimmen.

Einer allein schafft es nicht. Die Arbeit dreier Autoren für nur zwei Wochen zu koordinieren, verlangt Spielregeln, an die sich jeder hält, wenigstens die Miniaturausgabe einer Gestaltungsrichtlinie. Solche Aufträge können nur ein eingespieltes Team zeitgerecht erledigen.

Innerbetriebliche Auftragsdokumentation

Wer nicht als Dienstleister schreibt, sondern für seinen Betrieb hauptberuflich oder neben den anderen Aufgaben textet, sollte einige Daten des Auftrages festhalten. Das ist die Voraussetzung dafür, dass man sinnvoll über Kosten sprechen kann, und keine Schwierigkeiten aus Haftungsfragen entstehen.

Der Unterschied zwischen Schätzung und tatsächlich erbrachten Leistungen dient der Genauigkeit künftiger Voraussagen. Zudem

	05	06	07	08	09	W	12	13	14	15	16	W	19	20	21	22	23	W	26	27	28	29	30
Schulze		▓	▓				▓	▓	▓	▓						▓			▓	▓			
Lehmann		▓	▓	▓	▓		▓	▓	▓	▓						▓			▓	▓			
Meier	▓								▓	▓													
Management	▓							▓					▓			▓				▓			
Kritisch				■				■					■			■				■			
Gliederung		▓	▓																				
Soll festlegen			▓																				
Schreiben		▓	▓	▓	▓		▓	▓	▓	▓													
1. Korrektur											▓		▓	▓									
Durchführen																	▓						
2. Korrektur																			▓				
Durchführen																							
Freigabe																				▓			
Kopie, Binden																					▓	▓	
Auslieferung																							▓

Projektplan für einen Schnellschuss. Für manche Aufträge reicht nicht einmal die Hälfte der Projektzeit zum Schreiben.

191

hilft dieser Vergleich, Schwachstellen zu finden, er liefert Argumente für Investitionen in Maschinen, Software und Training.

- Wer vergibt den Auftrag, Name, Datum.
- Auftragsbeschreibung.
- Zeitplan.
- Kostenschätzung beim Start.
- Auftragsvergabe: Wer an wen, Kosten, Resultat bewerten und Hindernisse bei der Abwicklung notieren.
- Korrekturen: Wer hat wann welche Texte korrigiert. Schwierigkeiten beim Korrigieren notieren, Zeitaufwand und Qualität der Korrektur.
- Recherche: Aufschreiben, welche Fragen nur mit Mühe oder gar nicht geklärt werden konnten.
- Tatsächlicher Zeitaufwand – Stunden dokumentieren!
- Tatsächlich entstandene Kosten aus eigenem Zeitaufwand und Auftragsvergabe an Dienstleister.
- Differenz zwischen Schätzung und Resultat begründen und festhalten.
- Freigabe nur mit Unterschrift.
- Dokumentation der Dateinamen und Pfade/Server.
- Datensicherung mit Schreibschutz und Auslagerung einer Kopie (Schutz vor Wasser- und Feuerschäden): Wer hat es wann erledigt?

Dokumentation eines Datenmodells

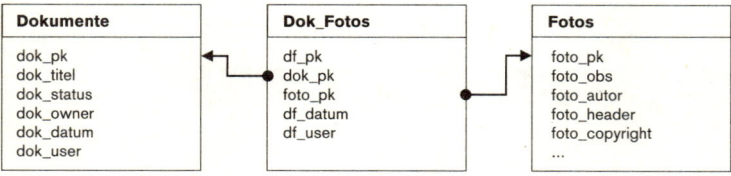

Die Dokumentation zeigt, wie Tabellen und Felder miteinander verbunden sind. Sie enthält für jedes Feld eine Beschreibung sowie Namen, Datentyp und Länge.

Ausschnitt aus einer einfachen Datenbankdokumentation, drei Tabellen:

Die Tabelle **Dokumente** enthält den Titel, Status, Besitzer, Datum und Benutzer der letzten Änderung dieses Eintrags. **dok_pk** ist der Primärschlüssel.

Die Tabelle **Fotos** enthält die Daten über Fotografien, in dieser Tabelle ist **foto_pk** der Primärschlüssel.

Wenn man speichern will, dass ein bestimmtes Foto in einem Dokument enthalten ist, braucht man in diesem Datenmodell nur den Datensatz des Fotos mit dem des Dokuments zu verknüpfen. Das erledigt die Tabelle **Dok_Fotos.** Jede Spalte in dieser Tabelle zeigt auf einen Datensatz von **Dokumente** und einen von **Fotos.** Dazu benutzt sie deren Primärschlüssel.

Tabellendokumentation

Tabelle:	Fotos
Beschreibung:	Fotos enthält die Metadaten von Fotografien und gebraucht einen internationalen Standard: die in der Presse und von Agenturen genutzten IPTC-Felder des International Press Telecommunication Council, die beispielsweise auch das Programm Adobe® Photoshop® anwendet.
Feldname:	foto_pk
Datentyp:	Text
Länge:	6
Beschreibung:	Primärschlüssel
Feldname:	foto_obs
Datentyp:	Text
Länge:	255
Beschreibung:	Nach ITC das Feld ObjectName, in Photoshop das Feld Objektbeschreibung. Eintrag ist obligatorisch.

. . .

Dieser kleine Ausschnitt ist ein Anfang. Man würde schnell merken, dass die Tabelle Fotos mehrere Personen enthalten muss. Einer hat das Foto aufgenommen, und jemand anderes hat vielleicht die Rechte daran. Ein Name oder zwei, vielleicht auch eine Firma, die Felder foto_autor, foto_copyright und einige andere werden jedenfalls nicht Personennamen enthalten. Es werden wieder nur Schlüssel sein, die diese Tabelle vielfach mit einem Geflecht anderer Tabellen verknüpfen.

Glossar

Allgemein

Auf einige Fachausdrücke oder schwer verständliche Wörter kann auch dieses Buch nicht verzichten. Eine Orientierungshilfe ist das Glossar, die zweite stellt das Stichwortverzeichnis, in dem diejenigen Seiten halbfett markiert sind, auf denen ein Begriff erklärt wird.

Cluster: Informationsbündel, das meist nur wenige Sekunden im Kurzzeitgedächtnis zwischengespeichert wird. Wenn das Langzeitgedächtnis etwas damit anfangen kann, werden die Informationen herausgelesen. Eine andere Verwendung des gleichen Wortes bei Gabriele Rico: Clustering ist eine Kreativitätstechnik. Beschrieben in Kapitel 4.7.

Deixis: Zeigen mit sprachlichen Mitteln. Kommt von dem griechischen Verb deiknymi, zeigen. Zeigwörter sind *heute, dort, dieses* ... Erklärt in Kapitel 3.8.

Hypertext: Text, der in Portionen – oder Topics – auf den Rechner geladen und angesehen werden kann. Die Topics sind durch Links miteinander verbunden. Erklärt in Kapitel 5.3.

Kognitionswissenschaft: Seit den achtziger Jahren bezeichnen sich viele als Kognitionswissenschaftler, die von Haus Biologen, Neurologen, Psychologen, Linguisten oder Informatiker sind. „Wir möchten beginnen zu verstehen, wie Menschen verstehen"[1], ist das übergeordnete Ziel ihrer Forschung.

Mediadaten: Sie geben Ausdruck über die Reichweite einer Zeitschrift oder Sendung. Auflage, Leserschaft und Verbreitungsgebiet enthalten für den Werbekunden Anhaltspunkte über das Verhältnis zwischen dem Preis für eine Anzeige und dem zu erwartenden Nutzen. Diese Daten werden dem Anzeigenkunden auf Wunsch zugeschickt.

---

1 Christopher Habel, ein deutscher Forscher auf dem Gebiet der künstlichen Intelligenz.

Newsgroup: Diskussionsrunde im Internet, ähnlich den Mailinglisten. Zu jedem beliebigen Thema kann man Gesprächszirkel dieser Art finden, einige mit einem Leiter, der die Runde moderiert, andere ohne. Diese Gruppen sind eine ausgezeichnete Informationsquelle, man findet nahezu für jedes Thema einen Experten. Allerdings muss fast alles nachrecherchiert werden.

PDF: Portable Document Format. Dateiformat der Firma Adobe. Es ermöglicht, einen Text am Bildschirm nahezu in gleicher Form anzusehen wie auf Papier. Der Autor eines PDF-Dokuments sieht sein Arbeitsergebnis genau so, wie es auch der Leser anschauen kann. Bei vielen anderen Formaten ist das nicht möglich, weil zum Beispiel Seitenumbrüche davon abhängen, welche Drucker installiert sind. Man kann auch dafür sorgen, dass die PDF-Datei die richtigen Schriftarten anzeigt, unabhängig davon, ob sie auf dem Rechner des Lesers installiert sind.

Powerpoint: Programm der Firma Microsoft®. Es erzeugt eine Bildpräsentation, die der Computer über einen Projektor (Beamer) auf eine Leinwand projizieren kann. Hat in vielen Bereichen die alte Overheadfolie ersetzt.

Primärschlüssel oder Primary key: Eine häufig genutzte Form von Datenbanken ist die relationale Datenbank. Sie besteht aus Tabellen, in denen die Daten eingetragen sind. In der idealen Form ist nichts doppelt vorhanden, jeder Eintrag steht an nur einem Platz in einer Tabelle. Damit man die Tabellen miteinander verknüpfen kann, verfügt jede Zeile über eine einzigartige Erkennung, den Primärschlüssel. Zwei Tabellen sind miteinander verbunden, wenn eine den Primary key der anderen enthält.

RTF: Rich Text Format. Dateiformat der Firma Microsoft. RTF-Dateien transportieren viele Formatierungen über die Grenzen von Rechnerwelten, Betriebssystemen und Softwarelösungen. Sie können keine Viren enthalten und sind meist nicht so umfangreich wie Word-Dokumente. Ausnahme: Grafikeinbettungen können den Umfang erheblich aufblähen.

Synonym: Gleich bedeutend, manchmal auch nur ähnlich oder sehr ähnlich. *Gebäude* und *Bauwerk* sind Synonyme.

Thesaurus: Wortliste mit mehr oder weniger ausführlichen Beschreibungen. Besonders in Softwareprodukten nutzt man die amerikanische Verwendungsweise des Wortes *Thesaurus* und bezeichnet das elektronische Synonymwörterbuch so.

W-Fragen oder w's: Im Journalismus Bezeichnung für eine Kette von Fragen, die traditionell in den ersten zwei bis drei Sätzen einer Nachricht beantwortet werden müssen: wer hat wem was wann wo wie getan?

Grammatische Ausdrücke

Prüfungen an Hochschulen belegen hinreichend, dass die Grammatik kein besonders geschätztes Wissensgebiet ist. Ob beliebt oder nicht, dieses Buch kann auf eine Reihe grammatischer Begriffe nicht verzichten.[1] Um Verständnisschwierigkeiten vorzubeugen, gehören einige wichtige grammatischen Ausdrücke deswegen in das Glossar, geordnet nach dem Alphabet und nicht nach den Kategorien der Sprachwissenschaftler.

Adjektiv (dt.: Eigenschaftswort, Beiwort[2]): Gibt eine Eigenschaft oder ein Merkmal an: *dick, dünn, durstig.* Wenn es ein Substantiv beschreibt, spricht man von einem **attributiven** Adjektiv: *Der schnelle Wagen.* Gehört es zu einer Handlung, ist es ein **prädikatives** Adjektiv: *Der Wagen fährt schnell.*

Attributive Adjektive werden dekliniert.

Adjektive können gesteigert werden: Komparation.

Adverb (Pl.: Adverbien, dt.: Umstandswort): Bezeichnet im weitesten Sinne einen Umstand, unter dem ein Geschehen betrachtet wird: **Dort** *steht ein Schaf.*

Lokaladverb: da, *dort, drinnen, draußen . . .* – Ort.

Temporaladverb: *heute, gestern, stets . . .* – Zeit.

Modaladverb: *ebenso, genauso, besonders . . .* – Art und Weise.

Kausaladverb: *also, demnach, folglich, mithin . . .* – Grund.

Einige Adverbien sind **Zeigwörter:** auch Deiktika, Kapitel 3.8.

---

1 Eine von Studierenden gern genutzte Einführung in die Grammatik ist ein 60 Seiten umfassendes Heft, das eigentlich für den Gebrauch an Schulen gedacht ist: Sauer, Wolfgang W.: Basiswissen Grammatik. Hannover: Schroedel, 1997.

2 Die Abkürzungen: dt. Für deutsch, Pl. für Plural. Einige grammatische Ausdrücke verwenden lateinische oder griechische Pluralformen, die im Deutschen sonst kaum genutzt werden.

Artikel (dt.: Geschlechtswort): *Der, die, das* sind **bestimmte** Artikel. Sie sind deklinierbar, ebenso die **unbestimmten** Artikel *ein, eine, ein.*

Deklinieren, Deklination: Beugung der Substantive, Artikel, Adjektive und Pronomina: *der Gast, des Gastes...*

Flexion (dt.: Beugung): Sammelbegriff für Deklination, Komparation und Konjugation.

Genus (Pl.: Genera, dt.: Geschlecht): Gemeint ist das grammatische Geschlecht, nicht das natürliche. Sonne und Mond sind jenseits der Alpen von anderem Geschlecht als in Deutschland: *il sole* (die Sonne, männlich), *la luna* (der Mond, weiblich). Wenn grammatisches und natürliches Geschlecht übereinstimmen sollen, drohen Fallen, weil man früher nur die männliche Form genutzt hatte: *Der Kunde ist zufrieden.* Heute empfinden einige Kundinnen diese einfache Lösung als unhöflich, sie erwarten, dass der Text von Kundinnen und Kunden spricht. Profitexter müssen vermeiden, Leserinnen versehentlich zu kränken. Lösungsvorschläge finden sich am Ende des ersten Kapitels.

Kasus (Pl.: Kasus [mit langem u], dt.: Fall): Das Deutsche verwendet vier Fälle: Nominativ, Genitiv, Dativ und Akkusativ oder: erster bis vierter Fall.

Komparation (dt.: Steigerung): Viele Adjektive können in drei Stufen gesteigert werden:
Positiv oder Normalfall – *teuer.*
Komparativ – *teurer.*
Superlativ – *am teuersten.*
Manchmal ist die Steigerung unsinnig: *schwanger.*

Konjugation (dt.: Beugung des Zeitwortes, Tätigkeitswortes): Flexion der Verben. Man unterscheidet das finite Verb (gebeugt) vom infiniten Verb (ungebeugt).
Das finite Verb gibt an:
- Person
  Ich, du, er – sie – es, wir, ihr, sie.
- Numerus, Pl.: Numeri
  Singular – Einzahl – oder Plural – Mehrzahl.
- Tempus – Zeit
  Präsens (Gegenwart: *laufe*), Präteritum oder Imperfekt (erste

Vergangenheit: *lief*), Perfekt (zweite Vergangenheit: *bin ge-laufen*), Plusquamperfekt (vollendete Vergangenheit: *war gelau-fen*), Futur 1 (unvollendete Zukunft: *werde laufen*) und Futur 2 (vollendete Zukunft: *werde gelaufen sein*).

Die Zeiten des Verbs geben nicht immer eine wirkliche Zeit an: *Morgen gehe ich auf den Kurfürstendamm bummeln.* Das Adverb *morgen* verschiebt die wirkliche Zeit in die Zukunft, obgleich der Satz in der Gegenwart steht. Für Leser, deren Muttersprache nicht Deutsch ist, sind solche Konstruktionen manchmal Verständnisfallen, weil sie erwarten, dass die Zeit-angabe des Verbs etwas über das reale Zeitgeschehen sagt. Im Deutschen sind aber nur das Imperfekt, das Plusquamperfekt (immer Vergangenheit) und das Futur 2 (immer Zukunft) zu-verlässig.

* Modus – Aussageweise, Pl.: Modi
  Indikativ (Wirklichkeitsform: *bin*) oder Konjunktiv (Möglich-keitsform: *sei, wäre*). Statt des Konjunktiv im Präteritum wird häufig die Konstruktion würde mit dem Infinitiv gebildet. *Ich würde etwas später kommen* statt *ich käme etwas später.*
  Der Imperativ ist die Befehlsform: **Geht** *jetzt schlafen!* In anlei-tenden Texten nutzt man die Höflichkeitsform des Imperativs: **Drücken** *Sie den Knopf!*
* Genus verbi – Aktionsart, Pl.: Genera verbi
  Aktiv oder Passiv, Kapitel 3.9.
* Die Formen des **infiniten Verbs** sind:
  Die Partizipien – dt.: Mittelwörter
  Partizip 1 – Präsens: *kaufend, lesend…*
  Partizip 2 – Perfekt: *gekauft, gelesen…*
  Der Infinitiv – Grundform: *fahren* (aktiv), *gefahren werden* (Pas-siv)

Konjunktion (dt.: Bindewort): Verbindet Wörter oder Sätze mitein-ander: *Er sah,* **dass** *es gut war.* Grammatiken finden etwa 15 ver-schiedene Arten der Konjunktion, reihende: *und, oder* bis zeitli-che: *bevor.* Berüchtigt ist die Konjunktion *dass*: Man schreibt *dass* mit zwei *s*, wenn man es nicht durch *dieses, jenes* oder *welches* ersetzen könnte.

Nomen (Pl.: Nomina): Lateinisches Wort für einen Grammatikbegriff im Griechischen: to onoma, Name oder Benennung. Als Nomina werden meist die **Substantive** und **Adjektive** verstanden.

Die Kombination von Artikeln, Adjektiven und Substantiven wird auch als Nominalgruppe bezeichnet: *Der große böse Wolf.*

Nominalisierung: Umwandlung einer beliebigen Wortart in ein Substantiv. Von Bürokraten geschätzte Technik, mit der man langweilige Texte produzieren kann. Mehr dazu in Kapitel 3.4.

Numerale (Pl.: Numeralia, dt.: Zahlwort): Grundzahlwörter oder Kardinalzahlen: *eins, zwei, drei...*

Ordnungszahlwörter oder Ordinalzahlen: *erste, zweite, dritte...*

Die durch mathematische Operationen gebildeten Formen, *drei viertel, achteinhalb...* gehören ebenfalls zu den Numeralia. Manche Grammatiken verzichten auf diese Wortart.

Partikel (Pl.: Partikeln): Wörter, die nicht flektiert werden können: *Nur, bloß, auch.*

Präposition (dt.: Verhältniswort): Diese Wörter bezeichnen im einfachsten Fall, wie sich zwei Gegenstände zueinander verhalten: *Die Vase steht **auf** dem Tisch.* Präpositionen haben die Eigenschaft, dass sie den folgenden Nomina einen bestimmten Kasus abverlangen: *Wegen **des schönen Wetters** treffen wir uns draußen.* Wegen verlangt den Genitiv. Diese alte Regel weicht allerdings im gegenwärtigen Sprachgebrauch mehr und mehr auf, man nutzt jetzt häufig den Dativ: *Wegen **dem** schönen Wetter...* Einige Präpositionen können zwei Kasus verlangen und geben dadurch einen Bedeutungsunterschied an: *Ich schimpfe **auf dem** Bahnhof* – Dativ – oder *Ich schimpfe **auf den** Bahnhof* – Akkusativ.

Lokal: *in, ab, auf...* – Ort.

Temporal: *ab, bis, während...* – Zeit.

Final: *auf, für, zu...* – Zweck.

Kausal: *wegen, infolge...* – Grund.

Modal: *abzüglich, einschließlich...* – Art und Weise.

Instrumental: *mit, durch, kraft...* – Mittel.

Pronomen (Pl.: Pronomina, dt.: Fürwort): Pronomina haben zwei Funktionen:

(1) Sie können ein Substantiv ersetzen: *Sophie kauft Moritz ein Eis.* **Sie** *gibt es* **ihm.**

(2) Sie stehen beim Substantiv und helfen bei der Einordnung: **Dieses** *Eis schmeckt.*

Pronomina können meist dekliniert werden: Dieser, diese, dieses. Sie sind oft **Zeigwörter:** auch Deiktika, Kapitel 3.8.

Demonstrativpronomen: *dieser, diese, dieses...* – zeigend
Indefinitpronomen: *jemand, etwas...* – unbestimmt
Interrogativpronomen: *wer, welche,...* – fragend
Personalpronomen: *ich, du, er, sie...* – persönlich
Possessivpronomen: *sein, ihr, euer...* – besitzend
Reflexivpronomen: *sich, mich, dich...* – rückbezüglich
Relativpronomen: *der, die, welcher, welche...* – bezüglich

Satzglied: Wörter, Wortgruppen oder Teilsätze, die innerhalb des Satzes eine Funktion übernehmen. Man unterscheidet:

- Subjekt – dt.: Satzgegenstand
  Oft ist das Subjekt der Handelnde: **Der Hund** *bellt.* Es kann allerdings unterschiedliche Formen annehmen:
  Substantiv: **Der Hund** *bellt.*
  Nominalgruppen: **Der große schwarze Hund** *bellt.*
  Nebensatz: **Dass es morgen regnet,** *ist zu befürchten.*
  Pronomina: **Er** *bellt.*

- Prädikat – dt.: Satzaussage
  Es enthält ein finites Verb: *Der Hund bellt.* Im Deutschen ist es möglich, Prädikate zu teilen und damit eine schwer verständliche Konstruktion zu erzeugen. Näheres in Kapitel 3.7, zerrissene Verben.

- Objekt – dt.: Satzergänzung
  Nomina, Nominalgruppen, Pronomina und Teilsätze können eine Funktion als Objekt mit einem von drei Kasus übernehmen: Genitivobjekt – *Gedenken wir* **der Hungernden** –, Dativobjekt – *Wir helfen* **ihm** – und Akkusativobjekt – *Lasst uns* **den Hungernden** *helfen.*

- Attribut – dt.: Beifügung
  Es beschreibt ein Nomen oder eine Nominalgruppe: *Der Rechner* **des Chefs.** Es kann aus einzelnen Wörtern, Wortgruppen oder Teilsätzen bestehen: *Ein Auto,* **das nicht fährt,** *ist sein Geld nicht wert.* Häufig ist es ein Adjektiv: *Der* **kaputte** *Rechner...* Wenn das Attribut im gleichen Kasus steht wie das von ihm be-

schriebene Nomen, nennt man es eine Apposition: *Der Server,* **ein Unix-Rechner,** *muss bald aufgerüstet werden.*
- Adverbiale Bestimmung – dt.: Umstandsbestimmung
  Sie dient dazu, das Verb näher zu bezeichnen. Adverbiale Bestimmungen können sein:
  Kausal: *Er lachte* **aus Verlegenheit.** – Grund.
  Temporal: *Wir essen* **abends.** – Zeit.
  Lokal: *Die CD liegt* **auf dem Tisch.** – Ort.
  Modal: *Wir beteiligen uns* **mit Vergnügen.** – Art und Weise.

Substantiv (dt.: Hauptwort, Dingwort): Bezeichnet Konkretes oder Abstraktes: *Zange, Harald* (konkret), *Freiheit* (abstrakt). Mehr dazu in Kapitel 3.1.
Substantive werden **dekliniert,** sie unterscheiden sich in Numerus, Genus und Kasus.

Syntax (dt.: Satzlehre): Dieser Teil der Grammatik befasst sich damit, wie Sätze des Deutschen beschaffen sind, und wie man Hauptsätze mit Nebensätzen kombinieren kann.

Verb: (dt.: Zeitwort, Tätigkeitswort): Man unterscheidet **Vollverben:** *essen, laufen, philosophieren* von **Hilfsverben:** *sein, haben* und **Modalverben:** *wollen, können, müssen.*
Verben werden **konjugiert,** sie geben Person, Numerus, Tempus, Modus und Genus verbi an.

Literatur

Eine Leseliste, die nicht abschrecken soll. Wer sich mit dem Texten beschäftigt, droht in einem Sumpf von Buchstaben zu versinken. Besser sind ausgewählte Titel zu Themen dieses Buches, versehen mit einem Kurzkommentar. Kein Anspruch auf Vollständigkeit, eher Antwort auf die Frage, was Teilnehmern einer Ausbildung in professionellem Texten anzuraten ist. Es ist eine persönliche Empfehlung, nicht im Geringsten objektiv, sondern von den eigenen Erfahrungen geprägt.

Mustertexte für die Korrespondenz

Briese-Neumann, Gisa: Erfolgreiche Geschäftskorrespondenz. Perfektion in Form und Stil. 2. Aufl., München: Beck/DTV, 2001.
Duden: Briefe gut und richtig schreiben! Ratgeber für richtiges und modernes Schreiben. 3. üb. u. erw. Aufl., Mannheim [u. a.]: Dudenverlag, 2002.

Der Markt bietet viele Textsammlungen von unterschiedlicher Qualität. Mit dem Titel des Dudenverlags und – ergänzend – dem Buch von Briese-Neumann sind wohl die meisten Aufgaben geschäftlicher Korrespondenz abgedeckt. Der Dudenband enthält neben den Mustertexten noch Sprachtipps und ein Wörterverzeichnis.

Das Hamburger Verständlichkeitsmodell

Langer, Inghard; Schulz von Thun, Friedemann; Tausch, Reinhard: Sich verständlich ausdrücken. 6. Aufl., München: Reinhardt, 1999.

Das Verständlichkeitskonzept der drei Hamburger hat sich über dreißig Jahre bewähren können. Ein Grund für Profis, sich mit ihm auseinander zu setzen.

Schreibblockaden brechen

Rico, Gabriele L.: Garantiert schreiben lernen. Sprachliche Kreativität methodisch entwickeln – ein Intensivkurs auf der Grundlage der modernen Gehirnforschung. Reinbek: Rowohlt, 30. – 32. Tsd., 1996.

Ricos Technik hilft tatsächlich. Sie lehrt eine der vielen nützlichen Methoden, die der Markt anbietet.

Stilistiken

Duden: Das Stilwörterbuch. Band 2 der Reihe „Der Duden in 12 Bänden". 8. vlg. neu bearb. Aufl., Mannheim: Dudenverlag, 2001.
Förster, Hans-Peter: Corporate Wording. Konzepte für eine unternehmerische Schreibkultur. Frankfurt am Main: Campus, 1994.
Schneider, Wolf: Deutsch für Kenner. Die neue Stilkunde. 6. Aufl., München: Piper, 2001.

Der Duden-Band ist eine Übersicht zum Nachschlagen, gibt Antworten auf Fragen. Förster hat ein eigenes Konzept entwickelt, den Sprachgebrauch von Unternehmen auf Vordermann zu bringen. Schneiders Buch ist eines von vielen mit vergleichbarem Inhalt. Einen der vielen Schneiders zum Thema sollte man gelesen haben.

Am Schreibtisch

Bulitta, Erich; Bulitta, Hildegard: Das Krüger Lexikon der Synonyme. Frankfurt am Main: Fischer, 1993.
Duden: Die deutsche Rechtschreibung. Band 1 der Reihe „Der Duden in 12 Bänden". 22. Aufl., Mannheim: Dudenverlag, 2000.
Duden: Die Grammatik. Band 4 der Reihe „Der Duden in 12 Bänden". Hrsg.: Dudenredaktion in Zusammenarbeit mit Eisenberg, Peter und Gelhaus, Hermann. 6. Aufl., Mannheim: Dudenverlag, 1998.
Duden: Das Fremdwörterbuch. Band 5 der Reihe „Der Duden in 12 Bänden". 7. neu bearb. und erw. Aufl., Mannheim: Dudenverlag, 2001.
Duden: Die sinn- und sachverwandten Wörter. Band 8 der Reihe „Der Duden in 12 Bänden". 2. Aufl., Mannheim: Dudenverlag, 1986.
Duden: Richtiges und gutes Deutsch. Wörterbuch der sprachlichen Zweifelsfälle. Band 9 der Reihe „Der Duden in 12 Bänden". 5. neu bearb. Aufl., Mannheim: Dudenverlag, 2001.

Zu jeder Frage gibt es auch eine andere gute Lösung als die des Dudenverlags und der Dudenredaktion. Das Krüger-Lexikon der Synonyme
ist ein Beispiel. Schwer zu ersetzen wäre Band 9 der Duden-Reihe. Auch
die Grammatik ist ein ausgezeichnetes Nachschlagewerk.

Gestaltungsrichtlinien

Abdullah, Rayan; Hübner, Roger: Corporate Design. Kosten und
Nutzen. Mainz: Schmidt, 2002.

Baumert, Andreas: Gestaltungsrichtlinien: Style Guides planen, erstellen und pflegen. Reutlingen: doculine, 1998.

Microsoft Corporation: The Microsoft Manual of Style for Technical Publications. Redmond: Microsoft Press, 1995.

Abdullah und Hübner veranschaulichen an Beispielen, wie CD-Projekte
zu managen sind, und welche Kosten ausgewählte Dienstleister für einige Referenzprojekte berechnet haben. Ebenfalls von einer praktischen
Seite zeigt Baumert, wie eine Gestaltungsrichtlinie entsteht, was hinein-
gehört und worauf man achten muss. Der Microsoft Style Guide ist eine
Art Klassiker. Besonders in den USA diskutiert man ihn als ein gelunge-
nes Beispiel.

Texten für Internet und Multimedia

Alkan, Saim Rolf: Texten für das Internet. Ein Handbuch für Online-Redakteure und Webdesigner. Bonn: Galileo, 2002.

Heijnk, Stefan: Texten fürs Web. Grundlagen und Praxiswissen für
Online-Redakteure. Heidelberg: dpunkt, 2002.

Hooffacker, Gabriele: Online-Journalismus. Schreiben und Gestalten für das Internet. Ein Handbuch für Ausbildung und Praxis.
München: List, 2001.

Seibold, Balthas: Klick-Magnete. Welche Faktoren bei Online-
Nachrichten Aufmerksamkeit erzeugen. München: Reinhard Fischer, 2002.

Ein Muss für Webtexter ist das Buch von Heijnk. Der Autor bringt solide
journalistische Erfahrung in seine Arbeit ein, Schwerpunkt ist deswegen
die Gestaltung von Zeitschriftenseiten im Internet. Alle wesentlichen Fragen, die Autoren bewegen, behandelt dieses sehr aufwändig im Vier-
farbdruck gestaltete Werk. Alkans Arbeit ist eine gute Ergänzung, weil sie

viele handwerkliche Seiten der Gestaltung anspricht. Sehr ausführlich beschäftigt sich auch Gabriele Hoofacker mit dem journalistischen Internetauftritt. Die Klick-Magnete präsentieren Untersuchungsergebnisse, wertvolle Informationen, wenn auch nicht sehr leserfreundlich präsentiert.

Interkulturelle Kommunikation

Hall, Edward Twitchell; Reed Hall, Mildred: Understanding Cultural Differences: Keys to success in West Germany, France, and the United States. Yarmouth: Intercultural Press, 1990.

Hofstede, Geert: Lokales Denken, globales Handeln. Interkulturelle Zusammenarbeit und globales Manegement. 2. Aufl., München: Beck/DTV, 2001.

Hall und Hofstede stellen ihre Untersuchungsergebnisse in einer gut lesbaren Form vor: zwei Meilensteine der gegenwärtigen Beschäftigung mit interkultureller Kommunikation.

Texten in Journalismus und PR

Aberle, Siegfried; Baumert, Andreas: Öffentlichkeitsarbeit. Ein Ratgeber für Klein- und Mittelunternehmen. München: Beck/DTV, 2002.

von La Roche, Walther: Einführung in den praktischen Journalismus. 15. neu bearb. Aufl., München: List, 2001.

Schmuck, Michael: Presserecht kurz und bündig. Ein Leitfaden mit praktischen Tipps für Journalisten. 2. akt. u. erw. Aufl., Neuwied: Luchterhand, 200.

Schneider, Wolf; Raue, Paul-Josef: Handbuch des Journalismus. 11. – 18. Tsd., Reinbek: Rowohlt, 1998.

Keine Frage: Man könnte seitenlang Bücher nennen, die sich mit dem Texten in Journalismus und PR befassen. Aberle/Baumert, von La Roche und Schneider bieten einen Einstieg in das Thema. Die kurze und lesbare Einführung von Schmuck hilft jedem, der journalistische Texte schreibt, aber nie etwas über das Presserecht lernen konnte. Grundkenntnisse auf diesem Gebiet sind für Profis unverzichtbar.

Als Profi arbeiten

Bösel, Stefan; Suttheimer, Karin: Freie Mitarbeit in den Medien. Was Freelancer wissen müssen. Wiesbaden: Westdeutscher Verlag, 2002.

Buchholz, Götz: Ratgeber Freie. 6. Aufl., Berlin: Ver.di, 2002.

Kiesel, Wolfgang: Von Beruf frei – der Ratgeber für freie Journalistinnen und Journalisten. Bonn: DJV, 1998.

Marktchancen, Krankenversicherung oder Starthilfen: Bösel und Suttheimer geben einen guten Einblick für Texter, die sich selbstständig machen wollen. Gut und nützlich auch die Arbeiten von Kiesel und Buchholz, den beiden Ratgebern der Journalistengewerkschaften DJV und DJU (heute: ver.di).

Werbetexte

Janich, Nina: Werbesprache. Ein Arbeitsbuch. Tübingen: Narr, 1999.

Reins, Achim: Die Mörderfackel. Das Lehrbuch der Texterschmiede Hamburg. Mainz: Schmidt, 2002.

Urban, Dieter: Pointierte Werbesprache. Geschriebene Texte – gelesene Bilder. Zürich: Orell Füssli, 1995.

Fast genial: die Mörderfackel. Texter kommentieren Werbetexte. Ein anschauliches Lehrstück, bei dem alles stimmt: Inhalt, Gestaltung, Druck und Bindung. Das Buch Urbans ist eine gründliche Einführung in den Werbetext mit vielen Anregungen, die Kreativität des Lesers belebend. Nina Janich beschreibt die Werbesprache von einem sprachwissenschaftlichen Standpunkt, sehr lehrreich, wenn auch nicht immer lesefreundlich.

Technische Dokumentation

Alred, Gerald J.; Brusaw, Charles T.; Oliu, Walter E.: Handbook of Technical Writing. 7. Aufl., New York: St. Martin's, 2003.

Juhl, Dietrich: Technische Dokumentation. Praktische Anleitungen und Beispiele. Berlin [u. a.]: Springer, 2002.

Lehrndorfer, Anne: Kontrolliertes Deutsch. Linguistische und sprachpsychologische Leitlinien für eine (maschinell) kontrollierte Sprache in der Technischen Dokumentation. Tübingen: Narr, 1996.

Juhls Buch ist eine ausgezeichnete Einführung in die Technische Dokumentation. Ein guter Start für jeden, der sich mit solchen Aufgaben befassen mag. Die meisten Erfahrungen mit dieser Art des Textens haben Autoren in den Vereinigten Staaten. Wer für diesen Markt schreiben will oder nur von den Regeln lernen möchte, die erfahrene Autoren dort anwenden, ist mit dem Buch von Alred [u. a.] bestens bedient. Lerrndörfers Titel ist eine gute Einführung in die kontrollierte Sprache, wenngleich nicht immer leicht verständlich.

Drehbuch

Field, Syd; Märthesheimer, Peter; Längsfeld, Wolfgang [u. a.]: Drehbuchschreiben für Fernsehen und Film. Ein Handbuch für Ausbildung und Praxis. Zusammengestellt und herausgegeben von Andreas Meyer und Gunther Witte. 6. akt. Aufl., München, Leipzig: List, 1996.
Hant, Claus Peter: Das Drehbuch. Praktische Filmdramaturgie. Frankfurt am Main: Zweitausendeins, 1999.
Seger, Linda: Das Geheimnis guter Drehbücher (Making a Good Script Great). 3. Aufl., Berlin: Alexander, 1999.

Drei von vielen exzellenten Büchern über das Drehbuchschreiben. Besonders Claus Peter Hants Text ist bezüglich Umfang, Struktur und Inhalt überzeugend.

Stichwortverzeichnis

Abbildungen 141 ff.
Abkürzungen 49, 63
Abstract 121
Abstraktum 43 f., 61
Adjektiv 197
Advance Organizer 120
Adverb 197
AIDA-Formel 86 f.
Akronyme 116, 154
Alter, siehe Lesealter
Anadiplose 106
Analphabetismus 14, 22
Anapher
– textinternes Zeigen 54
– Satzfigur 106
Anglizismen 47 f., 62, 149
Angebot 163 ff., 187 ff.
Anregende Zusätze 36, 41
Anzeige, siehe Werbung
Aposiopese 107
Arbeitsgedächtnis 7
Archivieren 82
Asyndeton 107

Bedienungsanleitungen, siehe
    Produktinformationen
Behinderte Leser 18 f., 27
Beschriftung
– Abbildung 141
– Bildschirm 134, 141
Bildung 14, 22
Blähwörter 92 f.
Blockade 95 ff., 109 f.
Briefe, siehe Geschäftskorrespon-
    denz

Cliffhanger 156
Cluster
– Gedächtnis 8 f.
– Kreativitätstechnik 99
Clustering 98
Correctio 107
Cross-Media-Publishing 178

Datenbank, siehe Dokumenten-
    Management
Datenbankdokumentation 176,
    192 f.
Deixis 195, siehe auch Zeigwörter
Deklination 198
Demographische Standards 24
DIN 5008 113
DIN EN 62079 3, 83 f.
Dokumenten-Management
    173 ff.
Dokumentvorlagen 103
Drehbuch 132 f., 171

Einfachheit 34, 40
Ellipse 107
E-Mail 79, 115 ff., 153 f.
Epipher 106
Euphemismus 105
Euro-Socio-Styles-Modell 26
Executive Summary 121
Exposé 149 ff.

Fachkenntnisse 15, 22
Fachwörter 49, 63
Familie 19, 23
Figuren 71, 105 ff.

Folien, siehe Overheadfolien
Flesch Reading Ease 31, 39
Fragebogen 79 f.
Frauen, siehe Leserinnen
Freizeichnungsklausel 168
Fremdwörter 47 f., 62
Funktionsverbgefüge, siehe
    Streckverben
Fußzeile 154

Gegenprüfen 81
Geminatio 106
Genus 198
Geschäftskorrespondenz 85,
    113 ff.
Gestaltgesetze 156
Gestaltungsrichtlinie 141,
    178 ff.
Gesten 142
Gliederung 35, 40, 82 ff., 104
Glossar 122
Grammatik 197 ff.

Hamburger Verständlichkeits-
    modell 33 ff., 40 f.
Headline 119, 149
Humor 10, 27
Hyperbel 106
Hypertext 125 ff., 132

Igel 141
Index 122 ff.
Inhaltsverzeichnis 118
Internationale Märkte 17 f.,
    135 ff.
Internationalisierung 139
Internet
– Hypertext 126
– Texten 127 ff.
Interviews 78

Journalistische Texte, siehe
    Pressetexte

Katapher 54 f.
Klimax 107
Kompositum 44, 62
Konjugation 198
Konkretum 43 f., 61
Kontrollierte Sprache 139
Kopfzeile 154
Kooperatives Formulieren 94 f.
Korrigieren 100 ff., 111 f.
Kosten 161 f., 177
Kostenvoranschlag 167
Kreativitätsübung 110 f.
Kultur 17, 27, 136 ff., 159
Kürze 35 f., 40
Kurzzeitgedächtnis 7

Langzeitgedächtnis 6 f.
Lay-out 181 f.
Lead 130, 156
Lesbarkeit 31
Lesbarkeitsformeln 31 f., 39 f.
Lesealter 15 f., 22
Leseranalyse 11 ff.
Leserinnen 17, 27 f.
Limbisches System 9 f.
Linklisten 129
Links 157
Litotes 106
Logo 148 f.
Lokalisierungen 18, 139, 159

Marginalien 154
Maschinenrichtlinie 2
Mediadaten 195
Metadaten 174
Metapher 105
Metonymie 105

Mind-Mapping 98
Modalverben 50, 202
Monochrones Zeitverständnis
    137 f.
Multimedia 132 ff.

Nationalität, siehe Kultur
Nebensätze 56, 58
Negation 59 f.
Newsgroup 196
Nomen 199
Nominalisierung 45 f., 62, 200
Normen 1 ff., 77

Overheadfolien 144 f., 160
Oxymoron 108

Parallele Satzstruktur 59
Paraphrase 105
Passiv 56 f.
PDF 196
Plot 133
Polychrones Zeitverständnis 137 f.
Polyptoton 107
Polysyndeton 107
Präsentationssoftware 160, 196,
    siehe auch Overheadfolien
Pressemitteilungen 146 f.
Pressetexte 87 ff.
Präposition 200
Primärschlüssel 196
Produktinformationen 2 f., 44 f.,
    60 f., 64 f., 83 f., 139, 177 f.
Produkthaftungsgesetz 1 f.
Projektabwicklung 183, 189 f.
Projektdokumentation 168 ff.,
    190, 192
Projektplan 190 f.
Pronomen 200 f.
Prototypen 6

Raster 181 f.
Rechercheplan 75
Recherchieren 75 ff.
Rechtschreibung 101 f.
Redaktionsleitfaden, siehe Gestal-
    tungsrichtlinie
Redaktions-System, siehe Doku-
    menten-Management
Redigieren 101, 111 f.
Religion, siehe Kultur
Richtlinien 1 f.
RTF 196

Sachbuch 149 ff.
Satzfiguren, siehe Figuren
Satzlänge 55 f.
Satzverbindungen 58
Scannability 155 f.
Schachtelsätze 58
Schaltfläche 134
Schichtenmodell 24
Schreibstörungen, siehe Blockade
Schriftarten 180
Seitenzahl 154
Sicherheitsrelevante Dokumente
    64 f., siehe auch Produktinfor-
    mationen
Single-Source-Publishing 177 f.
Sinus-Milieus® 25
Slogan 149
Smileys 116, 154
SMS 154
Soziale Stellung 19, 24 ff.
Sprachgefühl 33, 38, 136
Sprachpfleger 47 f.
Sprachwissen 15, 22
Sprechtexte 135
Stichwortverzeichnis 122 ff.
Stil 89 f.
Storyboard 133

Streckverben 51, 63
Struktur, siehe Gliederung
Style Guide, siehe Gestaltungs-
    richtlinie
Substantiv 202
Synekdoche 105
Synonyme 91 f., 196

Teamarbeit 171 ff.
Teaser 129, 156
Technische Dokumentation, siehe
    Produktinformation
Terminologiedatendank 140
Textlänge, siehe Kürze
Thesaurus 91, 196
Translation Memory Systeme
    140
Tropen, siehe Figuren
Typographie 180

Überschrift 119, 155
Übersetzungen 18, 139, 159

Verb 202
Verbklammer 50, 63
Verständlichkeitsformeln, siehe
    Lesbarkeitsformeln
Verstehen 5 ff.
Verweise 54

Werbung 86, 147 ff.
W's 88, 130, 156
Wiener Sachtextformel 39
Witz 10, 27
Workflow-Management, siehe
    Dokumenten-Management
Wortlänge 30 ff.
Wortwahl 89–93, 184–186

Zeichensetzung 101
Zeigwörter 51 ff., 63 f.
Zeitplan 170, 191
Zeugma 71, 108
Zusammenfassung 121
Zwischen-den-Zeilen-lesen 95